© Hildegard Wegner

ansjörg Küster ist Professor für Pflan-
nökologie am Institut für Geobotanik
er Universität Hannover.

on ihm erschienen bei C.H. Beck u.a.:
eschichte der Landschaft in Mitteleuropa
1999); *Geschichte des Waldes* ([2]2003);
e Ostsee ([2]2004).

nschlagentwurf: Atelier 59, München
nschlagabbildung: Die *Narew* im Nordosten
lens; © Lutz Ribbe

.H.Beck München
ww.beck.de

Hansjörg Küster

Das ist Ökologie

Hansjörg Küster

Das ist Ökologie

Die biologischen Grundlagen
unserer Existenz

Verlag C.H.Beck

Gesetzt aus der Minion im Verlag
Druck und Bindung: GGP Media GmbH, Pößneck
Gedruckt auf säurefreiem, alterungsbeständigem Papier
(hergestellt aus chlorfrei gebleichtem Zellstoff)
Printed in Germany
ISBN 3 406 53463 5

www.beck.de

Inhalt

Vorwort

Das Leben beruht nicht allein auf der Annahme fester Gesetzmäßigkeiten; es läßt sich nicht vorhersagen. Die Evolution der Organismen steht dem letztlich entgegen: Selektion und Mutation führen zu immer neuen Formen von Leben und Lebewesen. Ernst Mayr (1904–2005), der große Biologe des 20. Jahrhunderts, hat in zwei Büchern darauf hingewiesen, daß diese Charakteristika Biologie und Evolution auszeichnen. Der Ablauf der Evolution wird weitgehend von ökologischen Gegebenheiten bestimmt. Ihrer Darstellung ist dieses Buch gewidmet: Ökologie setzt keine Normen; sie führt zu Entwicklungen und Formen, die nicht vorherzusehen sind. Der mit der Ökologie zusammenhängende immerwährende Wandel muß beachtet, beobachtet und richtig eingeschätzt werden.

Bei allem, was man tut, ist Reflexion notwendig. Der Wissenschaftshistoriker Yehuda Elkana beklagte vor kurzem, daß die Nationalsozialisten reflexive Traditionen in der Wissenschaft ausgelöscht haben; dabei hatten gerade diese Traditionen Europas Wissenschaft lange Zeit geprägt. Elkana bemängelte, daß Deutschland dem Wiederaufbau reflexiver Disziplinen in den Wissenschaften nach 1945 kaum Aufmerksamkeit geschenkt habe. Dies gilt, so muß ergänzt werden, für die Ökologie leider in besonderer Weise, wie zu zeigen sein wird. Ökologie als Naturwissenschaft läßt sich nicht als mathematisch geprägter Positivismus betreiben. Der Schutz unserer Umwelt braucht stete Reflexion, Bildung und Kultur.

Mein Vater Götz Küster war wie schon oft der erste Leser eines meiner Manuskripte. Wolfgang Beck, Stefan Bollmann, Stephan Meyer und Angelika von der Lahr begleiteten die Idee, dieses Buch zu schreiben, und halfen, das Manuskript fertigzustellen. Ich danke herzlich.

Hannover, im Mai 2005 *Hansjörg Küster*

Kapitel 1 *Variationen zur Ökologie*

Leben heißt sich ändern – eigentlich eine banale Aussage, aber man vergißt sie immer wieder. Lebewesen entstehen, werden geboren, sie wandeln sich und gehen ein oder sterben. Dabei verändern sie ihr Umfeld. Hierauf müssen sich die Menschen einstellen, weil sie in diesen Wandel einbezogen sind. Sie leben und nutzen andere Lebewesen, zum Beispiel Kulturpflanzen und Haustiere, um selbst leben zu können. Trotzdem wenden sich die Menschen gegen viele Aspekte dieses Wandels. Bewußter als andere Lebewesen streben sie, beispielsweise bei der Nahrungsproduktion der Landwirtschaft, stabile Verhältnisse in ihrer Umgebung an. Kein anderes Lebewesen ist dazu in der Lage. Der Wunsch der Menschen nach einem sicheren Lebensumfeld führt zur Bildung der Kultur. Menschen wünschen sich das ewige Leben, das Paradies. Im Paradies fließen nicht nur Milch und Honig; dort verändert sich auch nichts.

Die Ökologie untersucht den Wandel der Natur und damit auch der Lebewesen. Doch die Öffentlichkeit wünscht sich von ihr vor allem Rezepte für eine immer weitergehende Stabilisierung der Lebensverhältnisse und eine Vorhersagbarkeit künftiger Entwicklungen. Im Zentrum des öffentlichen Interesses steht daher die Simulation von Ökosystemen, wozu man sich mathematischer Methoden, unter anderem der Wahrscheinlichkeitsrechnung, bedient. Ökologisches Wissen hat seine Grundlagen aber vor allem in der Biologie. Weil sich immer weniger Wissenschaftler mit dem grundsätzlichen Wissen der «biologischen Ökologie» beschäftigen, drohen die eigentlichen Grundlagen des Faches verlorenzugehen. Immer mehr Experten der Biologie machen den Errechnern der Welt Platz, die Modelle für die Zukunft entwickeln. Aber wohlgemerkt: Modelle müssen richtig verstanden werden. Prognosen beeinflussen das Handeln und sind notwendig, die Wahrscheinlichkeit jedoch, daß sie ohne Modifikationen zur Realität werden, ist gering. Gute Modellierer wissen das, auch die Öffentlichkeit sollte dies verstehen. Geht sie davon aus, daß Modelle stets Realität werden, liegt der Trugschluß nahe, die Zukunft lasse sich exakt planen. Diese Illusion hat zur Verbesserung der Welt in den vergangenen Jahrzehnten nicht viel Gutes beigetragen.

Die Ökologie als biologische Wissenschaft leistet für unsere Zukunft Aufgaben, die weit über die Mathematisierung der Lebensverhältnisse hinausgehen. Wir brauchen die Ökologie, um zu verstehen, was Wandel und Stabilität in der Welt bedeuten, wie Dynamik funktioniert, wie das Verhältnis von Natur und Kultur zu beurteilen ist – und schließlich auch, um zu verstehen, warum Zukunftsmodelle notwendig sind, auch wenn sie nicht eintreten.

Die Ökologie ist ein noch junges Wissensgebiet der Biologie. Ernst Haeckel, der als ihr Begründer gilt, schrieb 1866, Ökologie sei die «Lehre vom Naturhaushalte»: «Unter Oecologie verstehen wir die gesamte Wissenschaft von den Beziehungen des Organismus zur umgebenden Außenwelt.» Für Haeckel war Ökologie das Wissen von der Ökonomie der Natur. Alle freundschaftlichen und feindseligen Beziehungen des Tieres zu seiner anorganischen und organischen Umgebung sollten von der Ökologie untersucht werden. Haeckel schlug die Brücke zu Gedanken von Charles Darwin: «Ökologie ist die Erforschung all der komplexen Wechselbeziehungen, die Darwin als Bedingungen für den Kampf ums Dasein bezeichnet hat.»

Haeckels Definition des Begriffes Ökologie hat bis heute große Bedeutung. Allerdings: Eine Wissenschaft von den Beziehungen der Lebewesen zur sie umgebenden Außenwelt kann die gesamte Realität umfassen, und sie kann sich sowohl mit dem auseinandersetzen, was in der Natur zu beobachten ist, als auch mit den Zielen, die Menschen in ihrer Umwelt verwirklicht sehen wollen. Das Spektrum der Fragen, die von Ökologen untersucht werden sollten, scheint unüberschaubar zu sein. Ohne eine Reduktion, eine vereinfachende Annahme kommt daher keine ökologische Forschung aus.

Eine vereinfachende Möglichkeit, Ökologie zu betreiben, ist deren Mathematisierung. Dabei wird häufig von der Konstanz der Lebensformen ausgegangen: In den Berechnungen sind Pflanzen- und Tierarten feste Größen oder Terme. Es wird angenommen, daß ihre Populationen nach mathematischen Gesetzen wachsen. Man kann berechnen, ob sich eine Art von Lebewesen unter gleichen oder veränderten Umweltbedingungen durchsetzen wird oder ob sie vom Aussterben bedroht ist. Obwohl viele Wissenschaftler dies für ökologische Forschung halten und auf diese Weise Ökosysteme modellieren, wird bereits bei der Vereinfachung des Vorgehens der biologische Aspekt vergessen. Individuen von Tier- und Pflanzenarten, deren Entwicklung berechnet wird, sind niemals identisch – wie in der vereinfachenden Annahme der Mathematisierung. Nur Klone haben identische Eigenschaften; man könnte die bissige Folgerung ziehen, daß die Mathematisierung der Ökologie die Lebewesen schon längst geklont hat, bevor dies in der Realität geschehen ist.

Zwischen den Individuen einer Art und zwischen den Individuen mehrerer Arten von Lebewesen, die in einem Ökosystem zusammenleben, gibt es Konkurrenz, die sich nicht bei jedem Individuum in der gleichen Weise auswirkt. Die Eigenschaften der Lebewesen können sich im Lauf der Zeit verändern. Die von Haeckel beschriebene Ökologie steht ja nicht im Widerspruch zu den Gedanken von Darwin. Der bedeutende Genetiker Theodosius Dobzhansky schrieb 1973 in wenigen Worten, was für die Biologie und damit auch für die Ökologie grundlegend ist: «Nothing in biology makes sense except in the light of evolution.» Nur wenn in der ökologischen Forschung die Veränderung der Lebewesen durch Evolution berücksichtigt wird, ist sie als Fachgebiet der Biologie sinnvoll.

Eine Ökosystemmodellierung und eine Berechnung künftiger Lebensverhältnisse auf der Grundlage einer Annahme der Konstanz von Lebenserscheinungen sind aus biologischer Sicht niemals korrekt. Statische Vorstellungen von Natur helfen bei der Beschreibung aktuell beobachteter Naturerscheinungen. Doch aus der einmaligen Beschreibung der Lebensformen und ihrer Beziehungen untereinander kann nicht die Annahme abgeleitet werden, das Beschriebene sei der Normalzustand. Aus naturwissenschaftlicher Sicht wird daraus auch nicht klar, daß gerade dieser und kein anderer Zustand für die Zukunft zu bewahren und warum dies notwendig sei. Natur läßt sich, wenn man sie aus biologischer Sicht betrachtet, nur dann schützen, wenn man die ihr innewohnende Dynamik beachtet und zuläßt.

Ernst Haeckel war Zoologe. Als er formulierte, was Ökologie ist, dachte er vor allem an Tiere (und sicher auch Menschen) als Untersuchungsobjekte, weniger an andere Organismen. Die ökologische Forschung ging in der Folgezeit insbesondere von der Zoologie aus. Sie befaßte sich vor allem mit Tieren, zu denen Menschen eine engere emotionale Bindung haben als zu anderen Organismen. Haeckel sah eine Nähe der Ökologie zur Ethologie, zur Verhaltensforschung, die später eigene fachliche Wege nahm. Wenn ein ganzes Ökosystem überblickt und erforscht werden soll, sollte man aber nicht von Tieren, sondern eher von Pflanzen und Mikroorganismen ausgehen. Dies ist wichtig, wenn man Ökologie als ein logisches naturwissenschaftliches Gedankengebäude verstehen will.

Erstaunlicherweise nannte Haeckel im Zusammenhang mit der Definition der Ökologie die Begriffe «freundschaftlich» und «feindselig». Diese wertenden Begriffe sind einer exakten Naturwissenschaft fremd, flossen aber wohl in die Definition ein, weil Haeckel an die Untersuchung des Verhaltens von Tieren dachte. Jedes Kind meint zu wissen, daß der Fuchs dem Hasen «feindselig» gegenübersteht: Der «schlaue Bösewicht» frißt den «armen, lieben, ängstlichen» Hasen. Aber ohne dieses feindselige Gegenübertreten würden Füchse verhungern und Hasen sich unbegrenzt vermehren. Die Gruppe der Hasen, die eine sogenannte Fortpflanzungsgemeinschaft, eine Population, bildet, entwickelt sich sogar «positiv», weil der Fuchs nur dasjenige Beutetier erwischt, das sich von ihm packen läßt. Ein Hase aber, der schneller als der Fuchs ist, schneller ein Versteck findet oder besonders gut Haken schlagen kann, entkommt dem «Räuber». Er ist dadurch «stärker» als der Fuchs. In der Population der Hasen kommen mit der Zeit nur solche Individuen vor, die Füchsen entkommen können. Und in der Population der Füchse überleben nur die Tiere, die in der Lage sind, Hasen zu fangen. Dies scheint zu einer Harmonie zu führen, einem Gleichgewicht der Natur. Doch das ist ein Trugschluß: Sowohl unter den Hasen als auch unter den Füchsen überleben zu jeder Zeit nur Individuen mit Eigenschaften, die sich immer weiter verändern müssen. Die ökologischen Beziehungen zwischen Füchsen und Hasen bleiben nicht konstant.

Die Ökologie war in den Jahrzehnten nach Haeckel keine bedeutende Wissenschaftsrichtung; das Interesse an ihrer wissenschaftlichen Botschaft war gering. In Niemanns *Kleinem Wörterbuch der Naturwissenschaften* von 1910 wird sie als «Lehre von den besonderen Lebenserscheinungen u. Lebensgewohnheiten der Organismen, von der Anpassung an die äußeren Lebensbedingungen zwecks Befriedigung ihrer Bedürfnisse u. Erhaltung der Art» definiert. Die Fachrichtung setzte sich kaum davon ab, was ohnehin in Zoologie und Botanik erforscht wurde.

Zu Beginn des 20. Jahrhunderts stieg das Interesse an Ökologie. Diese Entwicklung ging aber weniger von der Wissenschaft als von Emotionen der Öffentlichkeit aus. Mehr und mehr Menschen glaubten, daß «Natur» durch «Technik» bedroht werde. Ökologische Argumente könnten, so meinte man, den Vormarsch der Industrialisierung mit ihren zahlreichen schädlichen Nebenaspekten anhalten. Ernst Rudorff, Konrad Guenther, Hugo Conwentz und viele andere setzten sich am Ende des 19. und zu Beginn des 20. Jahrhunderts dafür ein, daß Natur vor der Zerstörung durch Technik oder Industrie geschützt wird. Wer das nicht wahrhaben wollte, konnte im Ersten Weltkrieg erkennen, wie moderne Technik die Natur zerstörte. Die Naturschutz- oder Ökologiebewegung wurde schnell mächtig, vor allem wegen utopischer Vorstellungen, die sich mit ökologischen Argumenten vielleicht durchsetzen ließen. Viele Menschen schlossen sich der Bewegung an, um sich so gegen den kapitalistischen Liberalismus zu wenden, der ihrer Ansicht nach mit dem Naturverbrauch und der Naturzerstörung untrennbar verbunden war. Man meinte ein Argument gegen reiche, willkürlich agierende Unternehmer zu haben. Dies war den Linken genauso recht wie den Nationalsozialisten, als sie ihre Naturschutzgesetze erließen. Sie hofften ferner, mathematisch darstellbare Gleichgewichte in der Natur so ausnützen zu können, daß Deutschland autark gemacht werde. Unter anderem aus diesem Grund hatten Nationalsozialisten ein erhebliches Interesse an Ökologie.

In der Zeit nach dem Zweiten Weltkrieg verebbte das Interesse an der Ökologie zunächst. Hans-Heinrich Vogt, der 1971 ein Bändchen *Wissenschaft von A bis Z* in der Kosmos-Bibliothek herausgab, ging in seiner Definition des Begriffes «Ökologie» allein auf wissenschaftliche

Aspekte ein. Ökologie sei die Lehre vom Haushalt der Natur, die Wissenschaft von den Wechselbeziehungen eines Lebewesens zu seiner Umwelt. Hierbei sei «Umwelt» im weitesten Sinne des Wortes gemeint. «Man kann kaum den Umfang der einzelnen Umwelteinflüsse genau gegeneinander abwägen. Diese sogenannte Synökologie steckt erst in den Anfängen. In einer Zeit jedoch, in der die Beeinträchtigung der lebenden Natur durch den Menschen immer fühlbarer wird, dürfte die Ökologie immer wichtiger werden.» Vogt erwähnt noch, daß die Ethologie, die Verhaltensforschung, bis vor wenigen Jahren ein wissenschaftliches Teilgebiet der Ökologie gewesen sei, sich nun aber verselbständigt habe.

Das Interesse an der Verhaltensforschung wuchs in den sechziger Jahren des 20. Jahrhunderts erheblich. Man begann sich wieder für Ökologie zu interessieren, aber erneut mit emotionalen Argumenten. 1962 veröffentlichte Rachel Carson ihr Buch *Der Stumme Frühling* und prangerte darin die Auswirkungen des Einsatzes von DDT auf die gesamte Insektenwelt an. «Schädlinge» und «Nützlinge» würden in gleicher Weise geschädigt. In den folgenden Jahren sah man zum ersten Mal auf den Fernsehbildschirmen der ganzen Welt einen Krieg, in dem die Umwelt barbarisch geschädigt wurde: In Vietnam setzten die Amerikaner Entlaubungsmittel ein. 1970 wurde zum Internationalen Jahr der Umwelt erklärt. Wenig später schrieben Dennis Meadows und seine Kollegen vom Club of Rome ihr weltweit verbreitetes Buch über die *Grenzen des Wachstums* mit zahlreichen Mathematisierungen künftiger Lebensverhältnisse. Das Buch hatte eine enorme Wirkung, vor allem auch deshalb, weil wenig später die OPEC-Staaten unter arabischer Führung das Erdöl verknappten. Es bildete sich eine noch viel mächtigere Ökologiebewegung als Jahrzehnte zuvor. Politisch entwickelte sie sich betont antiliberal und sozialistisch, sie wandte sich (auch in den USA) gegen das Vorgehen der amerikanischen Militärs im Vietnamkrieg. Und es änderten sich die Definitionen des Begriffes Ökologie in den Lehrbüchern.

1975 publizierte der amerikanische Altmeister des Fachs, Eugene Pleasants Odum, ein Buch über Ökologie. Es erschien 1980 in einer deutschen, von Josef H. Reichholf bearbeiteten Ausgabe unter dem

Titel *Ökologie: Grundbegriffe, Verknüpfungen, Perspektiven* und mit dem vielsagenden Untertitel «Brücke zwischen den Natur- und Sozialwissenschaften». Darin heißt es: «Ökologie bedeutet ... im ursprünglichen Wortsinn so etwas wie 'Hauswirtschaftslehre'. Im übertragenen Sinne ist es die Lehre vom Haushalt der Natur, die alle gegenseitigen Beziehungen der Organismen und zu ihrer Umwelt einschließt.» Diese Definition sei aber nicht besonders aussagekräftig. Deshalb wird ein neuer Vorschlag gemacht, der sehr dicht bei dem liegt, was Haeckel schon 1866 gesagt hatte: «Ökologie ist die Wissenschaft von der Gesamtheit oder den Mustern der Beziehungen zwischen den Organismen und ihrer Umwelt.» Das Wort Ökologie habe die gleichen Wurzeln wie das Wort Ökonomie und habe mit dem «Haushalten» zu tun. Weiter liest man als neue Gedanken, die sich von denjenigen Haeckels unterscheiden: «Es haben sich gefährliche Ungleichgewichte zwischen dem Naturhaushalt und den menschlichen Nutzungsansprüchen ergeben, deren Behebung mittlerweile als unumgängliche Notwendigkeit in weiten Kreisen der Bevölkerung erkannt worden ist. Dieses wachsende Umweltbewußtsein hat die Ökologie aus einer akademischen Position innerhalb der Biologie in das Zentrum des öffentlichen Interesses gerückt. Man versteht sie heute als Umweltbiologie, deren Forschungsgebiete sich zunehmend in den Bereich ganzer Umweltsysteme – durchaus im Sinne des Naturhaushalts – bewegen. Aus einem Zweig der biologischen Wissenschaften entstanden, hat sich die Ökologie nun zu einer großen interdisziplinären Forschungsrichtung entwickelt, die biologische, physikalische und Sozialwissenschaften eng miteinander verknüpft.»

Odum und sein deutscher Bearbeiter Reichholf gehen zwar von den ursprünglichen Gedanken Haeckels aus, sie betonen aber die Seite der Ökologie, die vor allem durch die Mathematisierung begründet ist. «Gefährliche Ungleichgewichte» lassen sich zwar auch auf der Grundlage biologischer Resultate zeigen, vor allem aber, wenn man Individualität und Wandel der Lebenserscheinungen negiert. Diese Tendenzen sind aus den Zeitströmungen der sechziger und siebziger Jahre des 20. Jahrhunderts heraus zu verstehen. Solche Gedanken wollten damals diejenigen hören und lesen, die davon überzeugt waren, daß die Industriegesellschaft am Rande des Abgrunds stand.

Wolfgang Tischler, der zur etwa gleichen Zeit ebenfalls ein Ökologiebuch schrieb, definierte seinen Gegenstand fachlicher. Er ging zunächst auf zwei Ansätze der Ökologie ein: die ganzheitliche Synthese im Sinne Goethes und die Mathematisierung, wie sie von Galilei begonnen worden sei. Beides habe sich in der Ökologie zu ergänzen. «In der Ökologie, der Wissenschaft von den Beziehungen zwischen Leben und Umwelt, setzt die Erforschung entscheidender Probleme ein Denken voraus, das in erster Linie nach Zusammenhängen sucht, also ein kombinatorisches Vermögen. Den Ökologen interessiert die Verwirklichung des Lebens in seiner Mannigfaltigkeit und Verflochtenheit.»

In der Folgezeit begann sich die Ökologie tatsächlich als eigene wissenschaftliche Disziplin zu entwickeln und sich damit von utopischen und mathematischen Vorstellungen abzugrenzen. Im Lauf der Jahrzehnte stellte sich heraus, daß es die von Dennis Meadows und seinen Kollegen beschriebenen Grenzen des Wachstums zwar grundsätzlich gibt, aber niemals konkret dort, wo die Verfasser der mathematischen Modelle sie hingelegt hatten.

Otto Fränzle, Gerd Weidemann und Volkmar Wolters betonten 1996: «In der Ökologie, die sich im Wechselspiel von Theorie und Empirie als eigenständige Naturwissenschaft entwickelt hat, nahmen Systemansätze schon immer eine herausragende Stellung ein.» Neil A. Campbell, ein am gesamten Fach breit interessierter Biologe, publizierte 1997 ein weltweit sehr erfolgreiches Lehrbuch. In seiner deutschen Ausgabe von 2000 ist die ursprüngliche Definition Haeckels zu lesen: «Ökologie ist die Wissenschaft von den Wechselbeziehungen zwischen Organismen und ihrer Umwelt.» Campbell erwähnt, daß «ökologische Forschung auch im Zusammenhang mit dem bedenklichen Einfluß des Menschen auf die Umwelt» betrachtet werden muß. Für ihn steht jedoch fest: «Die Wissenschaft Ökologie, also die Erforschung der Art und Weise, wie Organismen mit ihrer Umwelt interagieren, sollte klar getrennt werden von dem Ökologie-Begriff, der häufig in den Medien undifferenziert in Bezug auf Umweltbelange verwendet wird. Um aber Umweltprobleme anzugehen, müssen wir die oftmals komplizierten und vielfältigen Beziehungen zwischen Organismen und ihrer Umgebung verstehen.» Die Ökologie braucht also eine neue Chance der Entwicklung – und zwar separat von den Zukunftsprospektionen, die von ihr emotional und politisch erwartet werden.

Rein naturwissenschaftlich gehen Peter Cotgreave und Irwin Forseth die Definition des Begriffs in einem Lehrbuch von 2002 an. Das Thema der Ökologie müsse, weil es alles auf der Welt betreffen könne, eingeschränkt werden. Zum einen werden die Interaktionen zwischen Lebewesen und ihrer Umwelt untersucht, wobei es wichtig sei, das Individuum zu betrachten. Zum anderen sollen Verbreitung und Häufigkeit von Organismen verstanden werden.

Wissenschaftlich ist damit wohl klar gefaßt, was unter Ökologie zu verstehen ist. In die Öffentlichkeit hingegen dringen immer noch ganz andere Begriffe im Zusammenhang mit Ökologie. In unserem Alltagsleben tauchen «ökologische Lebensführung», Ökosteuer, Ökoabgaben, Ökowein und Ökosiegel auf; das «ökologische Gleichgewicht» hält man für einen wissenschaftlichen Terminus. Bei allen diesen Begriffen geht es weniger um Wissenschaft, vielmehr um die Festsetzung von Normen und Bewertungen. Jemand muß sagen, was «öko» ist und was nicht; jemand muß festlegen, wo das ökologische Gleichgewicht liegt, beispielsweise wie viele Füchse und wie viele Hasen in einem Ökosystem vorkommen sollen.

Ohne die Grenzen seiner Wissenschaft zu überschreiten, kann ein biologisch argumentierender Ökologe darüber keine eindeutigen Aussagen machen. Genau dies wird jedoch von ihm verlangt, wenn er möchte, daß seine Arbeit gefördert und anerkannt wird. Er sieht sich mit zahlreichen Forschungsprogrammen konfrontiert, in denen ein Gleichgewicht oder der «richtige Zustand» beschrieben oder dargestellt werden soll. Wissenschaftler, die sich darauf einlassen, müssen einen wissenschaftsschädlichen Kompromiß mit normativen Vorstellungen eingehen. So etwas kann keine gute Forschung sein.

Die eigentliche Forschung wird durch solche Forschungsprogramme behindert, bevor sie überhaupt beginnt. Dies ist die derzeitige Situation der wissenschaftlichen Ökologie: Normative Vorstellungen beherrschen die Öffentlichkeit, die Politik, auch etliche Geldgeber für Forschungsprogramme. Ökologische Forschung auf den empirischen Grundlagen der Biologie wird häufig abgetan, weil man vorgibt, dafür weder Geld noch Zeit zu haben: Unsere Welt gehe eher unter, bevor etwas so Kompliziertes wie ein Ökosystem auf biologischer Grundlage erforscht sei. Doch ob dies stimmt oder nicht: Wir brauchen mehr ökologische Forschung, mehr biologisches Wissen. Wir brauchen mathematische Modelle, die aus Sicht der Biologie vernünftig sind.

Ebenso notwendig wie wissenschaftliche Forschung sind Ziele, Absichten, auch Utopien, die sich mit dem Methodenspektrum der Naturwissenschaften nicht umschreiben lassen. Wir brauchen Utopien, Ziele, Spekulationen über die Zukunft, sollten sie aber nicht immerzu «(Natur-)Wissenschaft» nennen, weil sie keinen absolut gültigen Charakter haben. Auch das Anstreben von Nachhaltigkeit ist eine Utopie, und zwar eine der wichtigsten. Nachhaltigkeit besteht von Natur aus nicht, ist aber ein wichtiges kulturelles Ziel. Die Formulierung nachhaltiger Ziele wird durch naturwissenschaftliche Argumentation unmöglich gemacht, denn Natur ist nicht nachhaltig, und Nachhaltigkeit ist keine naturwissenschaftliche Größe. Die Basis der ökologischen Forschung und das Ziel der Nachhaltigkeit müssen sich in einer neuen, in einer anderen Weise durchdringen. Davon hängt unsere Zukunft entscheidend ab.

In diesem Buch, von einem Biologen geschrieben, wird von den Begriffsbestimmungen der biologischen Wissenschaft ausgegangen. Die Ökologie verwendet zahlreiche Begriffe, die nicht nur eine naturwissenschaftliche, sondern, besonders in wirtschaftlichen Zusammenhängen, auch eine andere Bedeutung haben: Standort, Umwelt, Biosphäre, Konkurrenz, Streß, Selektion, Nachhaltigkeit, Ökosystem. Die Ausführungen berücksichtigen dynamische oder historische Prozesse. Dies geschieht nicht, um von den aktuellen Vorgängen und deren Projektion in die Zukunft abzulenken, sondern um logische Zusammenhänge herzustellen und damit das Verständnis zu fördern. In der Biologie insgesamt und der Ökologie im besonderen spielt der Zeitfaktor eine wichtige Rolle. Es gibt ein «Wenn – Dann» und ein «Vorher – Nachher». Diese Aussage bezieht sich nicht nur auf die Gegenwart und eine mathematische Projektion in die Zukunft, sondern vor allem auf die Vorgänge, die sich wirklich beobachten ließen oder lassen: den Weg aus der Vergangenheit zur Gegenwart und von dort in die Zukunft.

Biologie unterscheidet sich darin von anderen Naturwissenschaften, daß der Zeitfaktor zu berücksichtigen sei, so Ernst Mayr, der große Biologe des 20. Jahrhunderts. Die Evolution verändert die Erscheinungsformen des Lebens; Physik und Chemie haben eine ähnlich rasche und irreversible Veränderung ihrer Forschungsgegenstände nicht zu befürchten. Chemische Elemente bleiben bestehen, während sich die Organismenwelt, der Forschungsgegenstand der Biologie, unablässig verändert: «Nothing in biology makes sense except in the light of evolution.»

Evolution ist ein historischer Prozeß ohne Geschichtsdaten. Einzelne Stufen seines Ablaufes können erfaßt werden, der genaue Ablauf der Evolution jedoch nicht, und schon gar nicht eine Projektion in die Zukunft. Aber nicht nur deswegen kann der historische Wandel der Biologie nicht mit Geschichtszahlen belegt werden, sondern weil der Vorgang von Evolution im Verlauf so langer Zeiträume abläuft, daß wir Menschen sie als ewig bezeichnen könnten.

Kapitel 2 *Autökologie: Der Organismus – ganz allein auf der Welt*

Die Ökologie muß vereinfachen, um generelle Sachverhalte klarzumachen. Diese Reduktion kann so weit gehen, daß man nur einen einzelnen isolierten Organismus und seine Beziehungen zur Umwelt betrachtet. Dieses Arbeitsgebiet wird Autökologie genannt.

Grundlegend wichtig für ein Verständnis aller Lebensprozesse ist der Vorgang der Primärproduktion: Bestimmte, dazu befähigte Lebewesen bauen aus einfachen anorganischen Substanzen komplexe organische Verbindungen auf. Diese Lebewesen sind autotroph. Zu ihnen gehören zahlreiche Mikroorganismen und die meisten Pflanzen, also Lebewesen, mit denen sich die frühen Ökologen um Ernst Haeckel kaum befaßten. Von Primärproduzenten hängen alle anderen Lebensprozesse ab; deshalb müssen sie zuerst vorgestellt werden.

Die wichtigsten Primärproduzenten auf der heutigen Welt sind solche, die aus Kohlendioxid und Wasser unter Ausnützung von Lichtenergie organische Substanzen und Sauerstoff herstellen. Dieser Prozeß ist die Photosynthese. Sie wird von etlichen Bakterien und den meisten Pflanzen geleistet. Einige Mikroorganismen können organische Substanz auch auf andere Art und Weise aufbauen. Sie nutzen nicht die Lichtenergie aus, sondern gewinnen die Energie für die Synthese organischer Substanz aus der Oxidation von Schwefelwasserstoff, Ammoniak, Eisen oder auch anderen Stoffen. Man nennt sie chemoautotrophe Bakterien; sie werden auch als Schwefel- oder Eisenbakterien bezeichnet. Sie scheinen geringere Bedeutung als die photoautotrophen Organismen zu haben. Das war nicht immer so: In den frühen Phasen des Lebens auf unserer Erde waren die chemoautotrophen Bakterien weiter verbreitet als die photosynthetisch aktiven Organismen. Die photoautotrophen Organismen entwickelten sich zunächst als Sonderformen und wurden erst später zahlenmäßig dominant, wohl deshalb, weil die Lichtenergie der Sonne auf der Erde weitverbreitet zur Verfügung steht, nicht aber Schwefelwasserstoff, Eisen oder Ammoniak. Ein ganz einfach gebauter autotropher Organismus kann nur dort leben, wo die für seinen einfachen Stoffwechsel notwendigen Substanzen vorkommen. Außerdem müssen die Außenbedingungen so geartet sein, daß die chemischen Reaktionen der Primärproduktion ablaufen können. Dieser Ort, an dem der Organismus vorkommt und seinen Stoffwechsel ablaufen läßt, ist sein «Standort».

Die Qualität des Standortes wird durch die Umweltparameter bestimmt, welche die Verfügbarkeit von Substanzen und die Lebensbedingungen regeln. Wir befassen uns also hier mit ökologisch besonders wichtigen Vorgängen, den Beziehungen zwischen den einzelnen Lebewesen und ihrer Umwelt. Ein photosynthetisch aktiver Organismus kann nur dort Photosynthese betreiben, wo ihm aus dem Gesteinsuntergrund der Erde, dem Wasser und der Luft die notwendigen Ausgangssubstanzen bereitgestellt werden: Wasser, Kohlendioxid aus der Luft, Magnesium aus den Gesteinen. Magnesium ist am Aufbau von Chlorophyll beteiligt, dem Pigment, mit dem die Energie der Sonnenstrahlung für die Photosynthese eingefangen wird. Aus den Gesteinen stammen noch zahlreiche andere Elemente, die in organische Substanz inkorporiert werden. Natürlich muß die Sonne am Standort unseres Modellorganismus scheinen, sonst läuft die Photosynthese nicht ab. Möglich ist dies nur dann, wenn das Wasser eine geeignete Temperatur hat, also nicht gerade in der Hitze verdampft oder zu Eis gefroren ist. Besonders empfindlich gegenüber den Bedingungen der Temperatur sind Enzyme. Diese Eiweißverbindungen lassen chemische Reaktionen in den Lebewesen schneller oder leichter ablaufen. Sie verlieren ihre Struktur, wenn die Temperatur zu niedrig oder zu hoch ist. Sie funktionieren in vielen Organismen nur dann optimal, wenn die Temperatur nur geringfügig von einem Normalwert abweicht.

Zu den Standortbedingungen tragen die Eigenschaften der Atmosphäre (des Luftraumes), der Lithosphäre (des Gesteinsraumes) und Pedosphäre (des Bodenraumes) sowie der Hydrosphäre (des Wasserraumes) bei. Im Miteinander von Atmosphäre, Lithosphäre, Pedosphäre und Hydrosphäre kann sich eine Biosphäre, ein Lebensraum, entwickeln. In diesem Lebensraum wirken die Beziehungen zwischen den Organismen und ihrer Umwelt.

Biosphäre und Lebensraum bestehen überall, wo es Leben gibt – keineswegs nur im sogenannten Biosphärenreservat. Wird dieser Begriff verwendet, ist etwas anderes gemeint. Er ist aus dem Handlungsprogramm «Man and Biosphere» entwickelt worden, in dem das Miteinander von Menschen und ihrer Umwelt, ihrer Biosphäre, betont wird. Ein Biosphärenreservat soll ein Schutzgebiet sein. Das Programm hat keine wissenschaftlich exakte Basis. Denn jeder einzelne Mensch lebt genauso wie unser Modellorganismus, der ganz allein am Standort steht und Primärproduktion betreibt, in der Biosphäre. Es wäre fatal, wenn die Biosphäre nur im Biosphärenreservat bestünde oder gar erst nach der Einrichtung eines solchen Schutzgebietes!

Das einzelne Lebewesen oder auch die Vielzahl der Lebewesen an einem Standort bilden abhängig von ihren Standortparametern ein Ökosystem. In der Biosphäre, die den gesamten Lebensraum der Erde umfaßt, gibt es eine Vielzahl an Ökosystemen, beispielsweise das Ökosystem Meer und das Ökosystem Land. Man kann auch sehr viel kleinere Ökosysteme betrachten und einteilen, beispielsweise das eines bestimmten Sees oder das einer Insel. Sogar unser einzelner Modellorganismus, der an seinem Standort Photosynthese betreibt, kann mit seiner engeren Umgebung als ein Ökosystem angesehen werden.

Während die Biosphäre insgesamt begrenzt ist und den gesamten Lebensraum der Erde umfaßt, ist das Ökosystem grundsätzlich nicht begrenzt. Für das Ökosystem können Standorteinflüsse aus einem Bereich weit außerhalb der Biosphäre entscheidend sein, beispielsweise das Sonnenlicht; die Sonne liegt aber nicht innerhalb der Biosphäre. Es gibt also nur eine einzige Biosphäre, sie besteht aus zahlreichen Ökosystemen. Voneinander getrennt sind sie nur dann, wenn wir sie beschreiben: Wir müssen sagen können, was einen See von seinem Ufer und dieses wiederum von einem Landökosystem unterscheidet. Aber in Wirklichkeit sind diese Lebensbereiche selbstverständlich nicht gegeneinander abgegrenzt: Vom Land werden Substanzen in den See gespült, am Ufer verlandet der See, es gibt zahlreiche Organismen, die zeitweise an Land, zeitweise am oder im See leben, die auf dem Land fressen, aber am See trinken. Jedes Lebewesen nutzt einen anderen Ausschnitt des Ökosystems. In jedem Ökosystem und überall in der Biosphäre gibt es Standorte mit speziellen Standortbedingungen. Aber Standorte können auch außerhalb der Biosphäre bestehen, beispielsweise, um ein Extrem zu nennen, im extraterrestrischen Bereich, auf dem Mond oder einem anderen Planeten, wo kein Leben nachgewiesen ist. Dort bestehen zwar spezielle Standortbedingungen, diese sind aber nicht für die Entwicklung und die dauerhafte Bewahrung des Lebens auf der Erde geeignet. Dennoch gibt es auf dem Mond Standorte, aber weder Ökosysteme noch eine Biosphäre.

Kehren wir zu unserer Betrachtung des autotrophen Organismus zurück, der an seinem Standort Primärproduktion betreibt. Durch Photo- oder Chemosynthese baut er organische Substanz auf, zunächst Glukose, einen Zucker. Diesen Zucker kann er zu verschiedenen Zwekken einsetzen: Er kann ihn speichern, zu anderen organischen Substanzen umbauen oder zur Gewinnung von Energie verwenden. Diese Energie benötigt der Organismus, um andere Stoffe aufbauen zu können, beispielsweise die schon erwähnten Enzyme und Phosphat enthaltenden chemischen Verbindungen, in denen Energie übertragen wird. In jedem Organismus werden Bausteine von Nukleinsäuren synthetisiert, die anschließend auf eine Weise geordnet werden, daß sie genetische Information speichern. Lebewesen brauchen Zellmembranen aus wasserabweisenden Substanzen: Sie trennen verschiedene Reaktionsräume innerhalb und außerhalb der Zelle voneinander ab. Pflanzen brauchen zusätzlich eine Zellwand, die aus Zellulose gebildet wird; Rohstoff für sie ist ebenfalls die Glukose. Zur Bildung dieser Substanzen müssen weitere Mineralstoffe am Standort aus der Lithosphäre oder der Pedosphäre, aus dem Boden oder aus der Hydrosphäre, dem Wasser, aufgenommen werden: vor allem Phosphor, Stickstoff, Schwefel und Kalium.

Die Energie, die zum Aufbau unzähliger Substanzen in der Zelle unseres Modellorganismus erforderlich ist, wird durch die Zerlegung von organischer Substanz gewonnen, die bei der Photosynthese entstand. Für diesen Vorgang, der Atmung genannt wird, muß der Modellorganismus zusätzlich Sauerstoff aufnehmen, der ebenfalls bei der Photosynthese gebildet wurde.

Viele Mikroorganismen leisten nur einen einzigen Prozeß, um organische Substanzen und Energie zu bilden. Die meisten komplexeren Organismen hingegen haben komplizierter aufgebaute Zellen mit einer sogenannten Kompartimentierung. Dadurch sind einzelne Zellräume voneinander abgetrennt. In den Zellräumen oder Kompartimenten können sehr verschiedene chemische Reaktionen gleichzeitig ablaufen: So werden im Zellkern zur gleichen Zeit DNS-Stränge gebildet, in der in den Chloroplasten Photosynthese und in den Mitochondrien Atmung betrieben wird; Chloroplasten und Mitochondrien sind solche abgeteilten Zellräume. Im Zellplasma laufen wiederum andere Prozesse ab; in Pflanzen wird dort die Zellulose synthetisiert, die anschließend Stück für Stück in die Zellwand eingebaut wird.

In unserem Modellorganismus kommt es zu nicht umkehrbaren Prozessen. Die Lichtenergie, die den Organismus erreicht, wird nicht etwa als Lichtenergie wieder abgegeben – unser Organismus strahlt ja keine Helligkeit aus. Sie wird in die chemische Energie der komplexen organischen Verbindungen und letztlich in Wärmeenergie verwandelt. Diese Wärmeenergie kann sich bilden, wenn der Organismus sie im Zuge der Atmung freisetzt – oder auch dann, wenn wir organische Substanzen nutzen, um sie zu verbrennen und auf diese Weise zu heizen: Nichts anderes geschieht ja bei der Nutzung von Erdöl.

Seitdem es Leben auf der Erde gibt, wird ein Teil der auf die Erde treffenden Lichtenergie der Sonne chemisch gespeichert, damit daraus später Wärmeenergie gewonnen werden kann. Anders ausgedrückt: Die Anlage des Energiespeichers auf der Erde sorgte dafür, daß von der Erde weniger Energie sofort wieder abgestrahlt als von ihr empfangen wurde; die Temperatur an der Erdoberfläche nahm ab und gelangte in einen Bereich, der die Entwicklung des Lebens auf der Erde in seiner Vielfalt überhaupt erst ermöglichte. Würde man heute alle auf der Welt gespeicherte Energie verbrennen, stiege die Temperatur der Erde erheblich an – wie es von den Warnern vor einer Temperaturänderung auf der Erde prophezeit wird. Zugleich würde dabei aber der Sauerstoff verbraucht, der im Zuge der Energiespeicherung der Milliarden Jahre währenden Photosynthese in die Atmosphäre gelangte. Der geringer werdende Sauerstoffgehalt würde die meisten Organismen der Erde lange vor dem Zeitpunkt sterben, ersticken lassen, an dem alle organische Substanz auf der Erde verbrannt wäre.

Die Entstehung des Lebens auf der Erde und der Ablauf von Lebensprozessen, die sich aus dem Zusammenwirken des einzelnen Organismus mit seiner Umwelt am Standort ergeben, veränderten und verändern die gesamte Erde. Aber auch in kleinerem Umfang kommt es zu Veränderungen. Innerhalb der einzelnen Zelle werden einzelne Substanzen angereichert, andere nicht: Jeder Organismus sammelt ein wenig Phosphat, ein wenig Magnesium, Kalium und Schwefel, eventuell auch andere Substanzen in seinem Körper an, die an derjenigen Stelle konzentriert liegenbleiben, an der er abstirbt. Die anorganischen Stoffe können relativ weite Strecken zurücklegen, wenn der von uns betrachtete Organismus groß ist, es sich beispielsweise um einen hohen Baum handelt. Magnesium wird in ihm aus dem Boden in die Blätter transportiert, denn dort befindet sich das Chlorophyll, mit dem der Baum die Lichtenergie für die Photosynthese einfängt. Kalium aus dem Boden sorgt dafür, daß Substanzen mit Wasser in die Zellen transportiert werden; Kalium findet sich daher in allen lebenden Zellen des Baumes. Stickstoff gelangt ebenfalls in jede lebende Zelle, denn er wird in die Nukleinsäuren des Erbmaterials und in alle Aminosäuren eingebaut, aus denen Eiweiß und damit die Enzyme bestehen. Stirbt der Baum ab und fällt um, gelangen zahlreiche Substanzen an einen völlig anderen Ort als denjenigen, an dem sie einmal aus dem Boden aufgenommen wurden. Verliert der Baum seine Blätter, fliegen die Blätter irgendwohin, nur kaum einmal dorthin, wo Magnesium, Phosphor, Kalium und Schwefel herkamen, die in sie eingebaut worden waren. Es wird klar: Die Standortbedingungen beeinflußten nicht nur das Leben, das sich am Standort entwickeln konnte. Der Standort wurde auch durch die Lebewesen verändert. Der einen Stelle werden Mineralstoffe entzogen, an anderem Ort werden sie akkumuliert.

Die Standorte wandelten sich aber noch in anderer Hinsicht. Pflanzen geben Wasserstoffionen ab, um im Gegenzug Mineralionen, zum Beispiel Kalium, aufnehmen zu können. Dadurch wird nicht nur der Boden ärmer an Kalium, das eventuell durch die oben beschriebenen Vorgänge an einen anderen Ort verfrachtet wird als den Standort der

Pflanze, sondern der Boden wird auch saurer. Eine leichte Versauerung des Bodens setzt weiteres Kalium und andere Mineralstoffe frei, eine stärkere hemmt die Freisetzung. Deswegen ist leicht saurer Boden oft «fruchtbar», stärker versauerter «unfruchtbar». Säuren im Boden bilden sich auch, wenn der Humus, der beim Abbau organischer Substanz gebildet wird, weiter zersetzt wird. Es ist also ein ganz normaler Vorgang, wenn ein Boden allmählich versauert, auf dem Pflanzen ihren Standort haben.

Nicht nur die Pedosphäre und damit auch die Hydrosphäre, in die mehr Säuren eintreten, nicht nur Böden und Gewässer sind Veränderungen unterworfen; die Säuren zersetzen die Lithosphäre und lassen das Gestein verwittern, so daß weitere Mineralstoffe freigesetzt werden. Und auch die Atmosphäre wird durch jede einzelne Pflanze verändert. Jedes Lebewesen, das Photosynthese betreibt, vergrößert den Gehalt an Sauerstoff in der Atmosphäre und senkt deren Gehalt an Kohlendioxid. Alle photosynthetisch aktiven Lebewesen insgesamt haben es in Jahrmillionen geschafft, einen nennenswerten Anteil von Sauerstoff in die Atmosphäre der Erde einzuführen. Ohne das Vorhandensein dieser Lebewesen gäbe es in der Erdatmosphäre keinen freien Sauerstoff, den diejenigen Lebewesen beziehen müssen, die zur Photosynthese nicht befähigt sind.

Alle diese Prozesse, die grundlegend für das Leben sind, tragen zur Veränderung des Standortes bei: Mineralstoffe werden verlagert, es verändern sich die Säuregrade, es verändert sich die Zusammensetzung der Atmosphäre. Gesteine, ja ganze Gebirge werden abgebaut, andere entstehen an anderer Stelle neu: durch Abscheidungen bestimmter Mineralien, beispielsweise von Kalk am Grund flacher Meere. Auch Lager von Kohlenstoffverbindungen oder Kohle wurden durch das Phänomen Leben neu gebildet. Alle diese Entwicklungen sind gerichtet, sie sind irreversibel – und wirken der Stabilität, der Nachhaltigkeit an einem Standort entgegen.

Unser Gedankenexperiment, die Reduktion auf ein ganz einfaches Ökosystem mit nur einem Primärproduzenten an einem Standort in der Biosphäre, zeigt ein ganz wichtiges Resultat: Wenn Leben an Prozessen auf der Erde beteiligt ist, verändert sich die Natur. Die Natur bleibt nicht gleich, die Standortbedingungen wandeln sich. Natur und Nachhaltigkeit haben nichts miteinander zu tun. Die Erhaltung von Natur ist nicht der Grund dafür, daß Nachhaltigkeit eingefordert werden muß. Nachhaltigkeit ist im Hinblick auf die Erhaltung der Natur eine Utopie. Die Wissenschaft sagt klar, daß Natur nicht nachhaltig ist. Wenn man will, daß sie nachhaltig erhalten bleibt, prallen Wissenschaft und Utopie hart aufeinander: Dies ist ein schon erwähntes grundsätzliches Problem der Forschung und der öffentlichen Darstellung von Ökologie.

Kapitel 3 *Die Nahrungskette: Autotrophe und heterotrophe Organismen*

Der einzelne autotrophe, d. h. sich aus anorganischen Stoffen ernährende Organismus kann aus einfachen Mineralstoffen zuerst Zucker und daraus wieder andere und viel komplexere organische Stoffe aufbauen. Er hat eine sehr enge Bindung an seinen Standort; denn aus ihm bezieht er alle Substanzen, die er benötigt. Bei einzelligen autotrophen Organismen und bei Zellkolonien wie dem Tang im Meer, die man Thallophyten nennt, hat jede Zelle Kontakt zu ihrer Umgebung, aus der die Mineralstoffe stammen. Bei diesen Organismen ist auch jede Zelle für sich autotroph. Jede Zelle baut Zucker auf. Bei den Höheren Pflanzen, die so genannt werden, weil sie höher entwickelt, aber nicht unbedingt «höher» als andere Gewächse sind, ist nur ein Teil der Zellen autotroph, nämlich lediglich diejenigen, die grün sind und Photosynthese betreiben. Sie befinden sich in den Blättern und oft auch in den Stengeln. Auch diese Gewächse haben eine sehr enge Bindung an den Standort, aber die Mineralstoffe werden von Zellen aufgenommen, die kein Blattgrün besitzen: von Zellen in den Wurzeln. Mit dem Wasser werden die Mineralstoffe durch die ganze Pflanze geleitet, bis hin zu den photosynthetisch aktiven Zellen. Im Gegenzug werden bei der Photosynthese gebildete Zuckermoleküle ebenfalls durch die ganze Pflanze zu denjenigen Zellen geleitet, die keinen Zucker aus einfachen Mineralstoffen aufbauen können. Diese Zellen brauchen den Zucker unbedingt, ohne ihn würden sie nicht überleben. Sie sind heterotroph, sie müssen von außen her ernährt werden; aus einem Teil des wasserlöslichen Zuckers, der in der Pflanze transportiert wird, bauen sie andere organische Substanzen auf. Die dazu notwendige Energie wird durch den Abbau von weiteren Zuckermolekülen bei der Atmung gewonnen. Alle lebenden Zellen in der Pflanze atmen, das heißt, sie verbrauchen organische Substanz und Sauerstoff, um Energie zu gewinnen.

Es besteht also eine Kooperation, eine Arbeitsteilung zwischen den Zellen. Die autotrophe, photosynthetisch aktive Zelle muß mehr Zucker produzieren, als sie selbst verbraucht. Nur so gelingt es, die anderen Zellen mit zu versorgen. Davon profitieren nicht nur die heterotrophen Zellen der Pflanze, sondern auch andere Organismen, die insgesamt heterotroph sind, vor allem Tiere und Pilze: Sie müssen organische Substanz aufnehmen, um selbst Energie gewinnen und Körpersubstanz aufbauen zu können. Mit der organischen Substanz zusammen erhalten sie auch Mineralstoffe.

Mit den Wurzeln vieler Pflanzen verbinden sich die langen Zellfäden der Pilze; zwischen den Zellen dieser Organismen sind die Querwände oft aufgelöst, so daß sich lange Röhren bilden. In ihnen werden Wasser und Mineralstoffe transportiert; davon bedient sich die Pflanze. Im Gegenzug erhält der Pilz organische Stoffe, die er nicht aufbauen kann, weil er kein Blattgrün besitzt. Besonders viele organische Stoffe erhält er im Spätsommer und Herbst, wenn die Pflanze den Zucker nicht mehr braucht, um neue Blätter zu bilden sowie Stengel und Wurzeln wachsen zu lassen. Dann bilden viele Pilze aus den organischen Substanzen die Fruchtkörper, die wir im Wald sammeln. Die Lebensgemeinschaft zwischen Wurzeln von Höheren Pflanzen und Pilzen wird Mykorrhiza genannt.

Die auffälligsten Konsumenten der von Pflanzen produzierten Substanz sind die pflanzenfressenden Tiere. Sie sind alle heterotroph, müssen also Zucker aufnehmen, um daraus körpereigene Substanz aufzubauen, und sie brauchen den Zucker auch, um ihn im Prozeß der Atmung zu zerlegen. Der Sauerstoff, den sie ebenfalls aufnehmen, verbindet sich mit dem Abbauprodukt des Zuckers zu Kohlendioxid. Auf diese Weise gewinnt der tierische Organismus die Energie, die er zum Aufbau und für den Bestand seines Körpers benötigt.

Der Prozeß des Pflanzenfressens bedeutet aber nicht nur, daß Tiere die Pflanzen abfressen und sich davon ernähren. Das Problem dabei ist, daß einfacher Zucker und die daraus gebildete Stärke nur einen kleinen Teil der pflanzlichen Substanz ausmachen. Diese kann von Tieren aufgenommen werden, nicht aber die ebenfalls aus Zucker gebildete Zellulose, aus der die Zellwände der Pflanzen bestehen, nicht das Lignin, ein Hauptbestandteil von Holz. Diese Stoffe sind nicht wasserlöslich, sondern langkettige Kohlenstoff-Verbindungen; aus wasserlöslichen Verbindungen könnte eine Pflanze nicht bestehen, sie würde vom Wasser ja sofort aufgelöst werden. Tiere hingegen besitzen keine Enzyme, die ihnen bei der Zerlegung von langkettigen Kohlenstoff-Verbindungen wie Zellulose oder Lignin helfen. Sie können diese Stoffe nicht verdauen. Nur bestimmte Mikroorganismen besitzen Enzyme zur Zerlegung von Zellulose; nur sie können daraus den Stoff machen, der von den Tieren gebraucht wird: Zucker oder Stärke.

Es gibt mehrere Möglichkeiten, wie Tiere die organische Substanz der Pflanze aufnehmen. Einige fressen die Pflanze komplett, können aber nur einen Bruchteil der aufgenommenen organischen Substanz verwerten und scheiden den größten Teil davon wieder aus. Andere fressen nur diejenigen Teile der Pflanzen, die relativ nahrhaft sind, weil sie wenig Zellulose und Lignin, aber viel Zucker, Stärke, Eiweiß oder Fett enthalten: Diese nahrhaften Substanzen finden sich in den Speicherorganen der Pflanze, in den Wurzeln und Knollen. Die Pflanzen lagern die Speichersubstanzen dort während der Kälte- oder Trockenperiode ein, um sie bei Beginn der Vegetationsperiode erneut zu aktivieren und zum eigenen Wachstum zu verwenden; es sei denn, ein Tier hat schon vorher die Rübe oder die Kartoffel gefressen. Andere Tiere fressen vor allem die jungen Blätter und jungen Triebe; dort befindet sich viel Eiweiß in Form von Enzymen, die der Pflanze beim Aufbau von Blattgewebe helfen. Sie sind aber auch sehr gute Nahrung für Gänse und weitere Tiere.

Wieder andere Tiere fressen die Früchte, das Nährgewebe, das die Samen umgibt. Eigentlich sollen die dort gespeicherte Stärke, der Zukker, das Eiweiß oder das Fett dazu dienen, der Jungpflanze das Keimen aus dem Samen zu ermöglichen. Aber genauso gut können Vögel, Säugetiere oder Insekten damit ihre Körperfunktionen aufrechterhalten.

Eine weitere Gruppe von Tieren geht eine Lebensgemeinschaft mit solchen Mikroorganismen ein, die imstande sind, Zellulose oder Lignin zu zerlegen, und daraus Substanzen herstellen, die ihr Organismus verwerten kann. Diese Form des Pflanzenfressens findet sich vor allem bei den Wiederkäuern: Ein Rind reißt Gras auf der Viehweide ab. Das Tier zerkleinert die Blätter und Sprosse, kann sie aber noch nicht im eigenen Organismus verwerten. Der vorgekaute Grasbrei kommt zunächst in den Pansen, in ein sauerstoff-freies Milieu, in dem Bakterien Zellulose abbauen. Diese Mikroorganismen sind mit denjenigen verwandt, die an der Erdoberfläche lebten, als es dort noch keinen Sauerstoff gab. Sie vermehren sich unglaublich schnell, wenn die Kuh frisches, vorgekautes Gras in ihren Pansen geschluckt hat, so lange, bis die Kuh den Bakterienbrei wiederzukäuen beginnt. Jetzt ist der Zellulosegehalt der Nahrung gering; der Nahrungsbrei enthält nun lauter nahrhafte Stoffe der Körpersubstanz von Bakterien, die von den Rindern aufgenommen werden können.

Wie auch immer das Tier an seine Nahrung gelangt, es muß sie aufspüren. Daher haben Tiere Sinnesorgane: Sie sehen, hören, riechen Nahrung. Und sie haben Nervenverbindungen zwischen den Sinnesorganen und allen anderen Körperteilen, die für das Erreichen und die Aufnahme von Nahrung wichtig sind. Sinnesorgane brauchen Pflanzen nicht; sie wachsen ja an einem Standort, an dem ihnen die Grundstoffe für die Photosynthese und Mineralstoffe zur Verfügung stehen. Sind sie vorhanden, wächst die Pflanze, fehlen sie, stirbt sie ab: Sie vertrocknet oder geht an einer Mineralstoffmangelkrankheit ein. Diese Sätze sind banal; sie zeigen aber deutlich, daß Pflanzen grundsätzlich andere Organismen sind als Tiere. Pflanzen brauchen keine Sinne, ihre «Seele» unterscheidet sich von der «Seele» der Tiere, und nur dann, wenn man ihnen keine tierischen Sinne zuordnet, bringt man ein vernünftiges Verständnis für Pflanzen auf. Aus naturwissenschaftlicher Sicht «leidet» eine Pflanze nicht, wenn man sie erntet, pflückt – oder wenn man einen Baum fällt. Diese Erkenntnis ist kein Freibrief, sinnlos Pflanzen zu zerstören, aber sie soll zeigen, daß das Mitleid mit einer Pflanze auf Emotionen beruht, auf der mißverstandenen Gleichsetzung von Pflanze und Tier, und einer Pflanze als Organismus nicht gerecht werden. Der Schutz von Pflanzen müßte, wenn er wissenschaftlich begründet sein soll, vor allem davon ausgehen, daß Pflanzen als autotrophe Organismen besonders wichtige Lebewesen sind. Pflanzen können allein auf der Welt leben. Daher ging es im letzten Kapitel auch um eine Pflanze, und es hätte auch von bestimmten autotrophen Mikroorganismen die Rede sein können, aber nicht von einem Tier. Kein Tier kann ohne Pflanzen leben, auch das fleischfressende Tier nicht; denn es ernährt sich ebenfalls indirekt von der pflanzlichen Substanz, die irgendwann einmal von einer Pflanze auf ein pflanzenfressendes Tier übergegangen ist. Allein auf diese Weise kommt der tierische Organismus nicht nur an Zucker, Stärke oder andere verdaubare Substanzen, sondern auch an Phosphate, an Stickstoff-Verbindungen, an Magnesium, Calcium, Kalium sowie an viele Spurenelemente und Vitamine. All dies entnahmen ursprünglich einmal Meerespflanzen aus dem sie umgebenden Wasser oder Wurzeln von Landpflanzen aus dem Boden, vielleicht mit Hilfe von Pilzen.

Will man Ökologie also systematisch betreiben und verstehen, muß man von den autotrophen Organismen ausgehen und nicht von der Beobachtung einzelner Tiere. Von solchen Beobachtungen leitete sich aber ursprünglich das Interesse an Ökologie ab; die Tierökologie spielte lange eine viel größere Rolle als die Pflanzenökologie, und sie wurde zusammen mit der Verhaltensforschung betrieben. Mit diesen Wurzeln öffnet sich zwar ein Lehrgebäude der Ethologie, aber kein systematisches Lehrgebäude der Ökologie.

Das Fressen der Pflanze durch das Tier ist der bekannteste Schritt der Nahrungskette. Doch am Beispiel der Wiederkäuer läßt sich zeigen, daß man nicht so leicht bestimmen kann, welche Organismen die Primärkonsumenten der Substanz der Primärproduzenten sind: die Wiederkäuer oder die Mikroorganismen in ihrem Pansen?

Die Nahrungskette ist länger. Gewissermaßen der Primärproduktion durch grüne Pflanzen vorgeschaltet ist die Stickstoff-Fixierung aus der Atmosphäre. Stickstoff ist dort reichlich vorhanden, er ist der Hauptbestandteil der erdnahen Luft, doch in seiner elementaren Form kann er von Pflanzen und auch Tieren nicht aufgenommen werden. Nur bestimmte Mikroorganismen können Stickstoff aufnehmen und aus ihm Substanzen herstellen, die sich von Pflanzen und später auch von Tieren verwerten lassen: Ammonium und Nitrat. Sie sind lebensnotwendig; die Pflanzen erhalten sie von den Mikroorganismen im Boden und in Gewässern. Pilze mit ihren langen Zellschläuchen können nützlich sein, um Ammonium und Nitrat zur Wurzel zu transportieren.

Einige Pflanzenarten gehen an ihren Wurzeln eine Lebensgemeinschaft mit Bakterien ein. Pflanzen aus der Familie der Schmetterlingsblütler haben Knöllchen von Stickstoff fixierenden Bakterien an ihren Wurzeln. Landwirte bauen Schmetterlingsblütler zur Gründüngung an: Stickstoff-Verbindungen reichern sich im Boden unter Kulturen von Erbse, Linse, Bohne, Luzerne oder Lupine an. Lupinen und Robinien, baumförmige Schmetterlingsblütler, können sogar auf stickstoffarmen Böden am Straßen- oder Wegrand wachsen und ihn befestigen.

Die Erle und der Sanddorn besitzen eine sogenannte Actinorhiza, an der strahlenförmige Bakterien beteiligt sind, die Strahlenpilze heißen. Es handelt sich aber um keine Pilze, sondern um Bakterien. Durch sie sammeln sich an Erlenwurzeln enorm viele Stickstoff-Verbindungen an; in einem Erlenbruchwald haben Hopfen und Brennessel ihre natürlichen Wuchsorte. Ähnlich viel Nitrat findet die Brennessel seit Jahrtausenden am Misthaufen und an der Müllhalde, wo Menschen Stickstoff-Verbindungen ablagern. Der Sanddorn wächst, wie sein Name sagt, auf Sand. Dank der Lebensgemeinschaft mit Bakterien wird er mit Stickstoff-Verbindungen versorgt, und sein sandiger Standort wird fruchtbarer. Daher kann neben Sanddorn sogar Schwarzer Holunder wachsen, eine Pflanze nitratreicher Standorte.

Pflanzen stellen aus einfachen Stickstoff-Verbindungen andere, komplexere her: Aminosäuren und Nukleinsäuren. Aminosäuren sind Bausteine der Eiweiße, die auch Proteine genannt werden. Viele von ihnen katalysieren als Enzyme Stoffwechselprozesse. In Nukleinsäuren ist die genetische Information gespeichert. Tiere brauchen diese Substanzen ebenfalls; sie sind darauf angewiesen, Stickstoff enthaltende Verbindungen mit pflanzlicher Nahrung aufzunehmen. Einige Aminosäuren können von tierischen Organismen überhaupt nicht synthetisiert werden. Sie müssen in pflanzlicher Nahrung enthalten sein, sonst erkrankt das Tier an Eiweißmangel oder, genauer gesagt, am Mangel einer sogenannten essentiellen Aminosäure.

Die Nahrungskette ist nicht zu Ende, wenn ein Tier pflanzliche Substanz aufgenommen hat. Sie führt zu anderen Tieren hin, die sich von Fleisch ernähren. Kleine Fleischfresser erbeuten kleine Pflanzenfresser, die kleinen Carnivoren werden von größeren gefressen. Diese Tiere sind Sekundärkonsumenten, Tertiärproduzenten, Tertiärkonsumenten, Quartärproduzenten.

Auf jeder Stufe der Nahrungskette geht ein Teil der ursprünglich von den Pflanzen aufgebauten organischen Substanz verloren; ein Teil davon wird bei der Energiegewinnung zersetzt, ein anderer ausgeschieden. Solche Substanzen hingegen, die am Stoffwechsel nicht beteiligt sind und daher nicht zersetzt werden, reichern sich im Organismus an. Zu ihnen gehören Schwermetalle und chlorierte Kohlenwasserstoffe. Wachsen Pflanzen auf einem Standort, der natürlicherweise oder durch Umweltverschmutzung Schwermetalle enthält oder mit Schwermetall enthaltendem Abfall gedüngt wurde (auch Kompost!), kann die Konzentration an Schwermetallen in den Pflanzen noch unbedenklich gering sein. Aber in dem Tier, das von der Pflanze frißt, erst recht in einem anderen Tier, das sich wiederum von dem ersten Tier ernährt, werden die Schwermetalle angereichert. Die organische Substanz wird abgebaut, das Schwermetall jedoch nicht. Entsprechendes geschieht beispielsweise mit DDT: Pflanzenfressende Insekten wurden mit solchen chlorierten Kohlenwasserstoffen bekämpft. DDT galt ursprünglich als ideales Insektenvertilgungsmittel, weil es bereits in geringen, für Säugetiere und Menschen ungefährlichen Dosen die kleinen Tiere tödlich schädigt. Man wußte damals nicht, daß sich DDT in der Nahrungskette anreichert, daß also auf jeder Stufe der Nahrungskette die in organischen Körpern üblicherweise vorkommenden Substanzen abgebaut werden, nicht aber das DDT. DDT liegt nach dem Durchlaufen der Nahrungskette im Fettgewebe von Säugetieren und Menschen in so großer Konzentration vor, daß es auch für sie zum tödlichen Gift wird oder schwere gesundheitliche Schäden hervorruft. Die Anwendung von DDT ist daher heute in vielen Ländern verboten.

Die Nahrungskette verläuft über viele verschiedene Stufen. Sie führt auch zu kleineren Organismen wie Insekten und Mikroorganismen, die sich entweder von den lebenden Organismen oder von toter organischer Substanz ernähren. Sie werden gemeinhin als Destruenten bezeichnet, als Wesen, die organische Substanz schließlich so zerlegen, daß wieder anorganische Stoffe daraus werden. Destruenten sind aber nicht klar von den Konsumenten zu trennen. Beide sind heterotroph.

Beide bauen sie körpereigene Substanz aus den aufgenommenen Kohlenstoff-Verbindungen auf, und beide scheiden auch einfache anorganische Substanzen aus. Viele Tiere geben beispielsweise Harnstoff oder Harnsäure als Abbauprodukte ab. Die Aufgabe des Destruenten übernehmen damit nicht nur die kleinen Organismen im Boden, die das Edaphon, das Bodenleben, bilden. Viele mineralische, anorganische Produkte werden schon freigesetzt, bevor die Bodenorganismen dies tun könnten. Andererseits bauen sie genauso wie große fleischfressende Tiere ihre körpereigene Substanz aus der Nahrung auf.

Innerhalb der Nahrungskette kann schließlich die komplette organische Substanz, die am Beginn aufgebaut wurde, wieder zu anorganischer Substanz abgebaut werden. Aus dem Boden kann sie erneut von Pflanzen aufgenommen werden. Der aus abgestorbener organischer Masse gebildete Kompost ist «fruchtbar» und ein guter Dünger, weil er einerseits zahlreiche Mineralstoffe wie Nitrat und Phosphat enthält, andererseits auch teilweise abgebaute organische Substanz, die den Bodenmikroorganismen als Nahrung dient. Wenn sich diese Kleinlebewesen im Boden reichlich vermehren, setzen sie die noch nicht aufgeschlossene anorganische Substanz im Kompost schneller um; es steht dank des organischen Düngers, des Komposts, schließlich mehr Nährstoff für Pflanzen in Form von Phosphat und Nitrat zur Verfügung. Aus den Humusstoffen gehen Säuren hervor, Huminsäuren und Fulvosäuren, die den Boden ansäuern. Säuren lösen die darin enthaltenen Tonmineralien, so daß weitere Pflanzennährstoffe im Boden zur Verfügung stehen. Organischer Dünger sorgt also dafür, daß anorganische Substanzen im Boden freigesetzt werden.

Die sogenannte ökologische Landwirtschaft hält sich zugute, daß sie keinen sogenannten Kunstdünger verwendet, sondern allein die Destruenten im Boden arbeiten läßt. Diese setzen die genau identischen Substanzen frei, die ohne Einsatz von Kompost dem Boden als «Kunstdünger» oder, besser gesagt, als Mineraldünger zugeführt werden müßten. Ohne die oben erwähnten Mineralstoffe sind pflanzliches und auch tierisches Leben nicht möglich. Es ist zwar sparsam in der Bilanz für die Pflanzenproduktion, wenn möglichst viele organische Abfälle zur Düngung eingesetzt werden. Aber im Prinzip setzt die sogenannte ökologische Landwirtschaft die gleichen chemischen Substanzen ein wie eine sogenannte konventionelle Landwirtschaft. Man kann aus wissenschaftlicher Sicht nicht erkennen, was an der einen Form von Landwirtschaft «ökologischer» sein soll als an der anderen. Alle Formen von Landwirtschaft vertrauen auf ökologische Prozesse, die sogenannte ökologische genauso wie die konventionelle.

Übrigens kann es bei beiden Formen von Landwirtschaft zu einer Überdüngung des Bodens kommen: Bei der sogenannten ökologischen Landwirtschaft kann es genauso geschehen, daß sich auf einem Feld zu viele Nitrate oder Phosphate ansammeln wie bei sogenannter konventioneller Landwirtschaft: Zu viel Kompost, zu viel Gülle oder zu viel Stickstoff- und Phosphatdünger rufen die gleichen Resultate hervor: eine Überdüngung des Bodens und eine Abgabe überschüssiger Mineralstoffe ins Grundwasser. Die Verwendung von reinem Mineraldünger hat einen ökologischen Vorteil: Mineraldünger läßt sich viel besser dosieren als Kompost und Gülle. Derzeit werden von Satelliten gesteuerte Düngeverfahren entwickelt, bei denen jeder Fleck Ackerboden genau die Mineralstoffmenge bekommt, die er wirklich benötigt – unter Einsparung enormer überflüssiger Düngergaben. Bei Einsatz von Kompost ist die genaue Dosierung nicht möglich. Der Vorteil der Verwendung von Kompost liegt darin, daß dabei die fossilen Lagerstätten geschont werden, aus denen etliche Arten von Mineraldünger stammen.

Es lassen sich Kreisläufe aller Substanzen konstruieren, die innerhalb der Nahrungskette Bedeutung haben. Es bestehen Kreisläufe des Wassers, an denen die Pflanzen und Tiere zu einem erheblichen Maß beteiligt sind, und genauso Kreisläufe der Stickstoff- und Phosphor-Verbindungen sowie der Spurenelemente. Diese Kreisläufe lassen sich lediglich anstreben, aber niemals vollständig realisieren. Kein Stoff landet nach einer Passage der Nahrungskette genau dort, wo er dem Boden einmal entnommen worden war. Vor allem dadurch, daß sehr mobile Tiere an den Nahrungsketten beteiligt sind, landen Mineralstoffe oft fernab von den Pflanzen, deren Wurzeln sie einst aus dem Boden aufnahmen. An einzelnen Orten werden die Mineralstoffe akkumuliert, an anderen ist deren Verarmung zu beobachten. Die Lebewesen beschleunigen durch ihre Existenz einen Prozeß, der auch ohne sie ablaufen würde: Schließlich sammeln sich viele Mineralstoffe in den Senken, während sie von den Höhen abgetragen werden. Die von ihnen ausgehenden Säuren zerstören den Fels, es werden ganze Gebirge zerstört. Sie würden auch durch die normale Erosion zersetzt, aber durch das Wirken von Tieren, Pflanzen und Mikroorganismen verläuft die Zerstörung der Gebirge erheblich schneller – allerdings aber auch die Ansammlung neuer Ablagerungen in den Talsenken, in Seen und Meeren, aus denen in ferner Zukunft neue Gebirge werden können.

Kapitel 4 *Häufigkeitsschwankungen*

Im Meer, in dem sich das Leben ursprünglich einmal entwickelt hat, gibt es im Prinzip jederzeit Produzenten, Konsumenten und Destruenten in allen Entwicklungsstadien. Das heißt: Für Konsumenten und Destruenten gibt es immer ausreichend Nahrung, denn zu jeder Zeit wachsen die Photosynthese betreibenden Organismen gleich gut. Dies ist nur in der Theorie der Fall, in der Praxis dagegen vermehren sich einzellige Algen zu bestimmten Zeiten besonders stark. Dadurch verfügen algenfressende Tiere über besonders viel Nahrung und vermehren sich rasch, mit der Folge, daß mehr Algen gefressen werden als neue nachwachsen.

Ein ähnliches «Paradies» wie im Meer gibt es auf dem Festland nur in den inneren Tropen. Dort herrscht ein Tageszeitenklima, das heißt, jeden Morgen scheint die Sonne. Die intensive Strahlung hat eine intensive Photosynthese zur Folge: Alle autotrophen Pflanzenteile, die von den Sonnenstrahlen erreicht werden, betreiben erhebliche Primärproduktion und bauen viel organische Substanz auf. Spätestens gegen Mittag kommt es zu Wassermangel in den Pflanzen, denn die hohen Temperaturen lassen mehr Wasser von den Blattoberflächen verdunsten, als zur gleichen Zeit von Wurzeln und durch die Stämme oder Stengel nachgeliefert werden kann. Mit der heißen Luft steigt der Wasserdampf auf und ballt sich zu Wolken zusammen. Nachmittags gibt es im tropischen Regenwald einen heftigen Regenguß. Der Boden saugt sich mit Wasser voll. Gegen Abend, wenn nochmals Sonnenstrahlen auf die Blätter treffen, und am nächsten Tag steht das Wasser wieder für die Photosynthese, für die erneute Fixierung von Kohlenstoff in organischer Substanz zur Verfügung.

So oder ähnlich verläuft jeder Tag im tropischen Regenwald, und zwar das ganze Jahr über. Die Pflanzen verändern sich daher im Verlauf des Jahres kaum. Sie treiben zur gleichen Zeit Blätter, in der sie auch Blätter verlieren. Sie blühen, wenn sie auch Früchte bilden. Tiere, die nur die frischen Blätter fressen, finden das ganze Jahr über Nahrung.

Andere Tiere, die nur Früchte fressen, finden ebenfalls das ganze Jahr über Früchte. Die Nahrung für alle Tiere ist das ganze Jahr über sichergestellt, sie brauchen nie von ihren Ernährungsgewohnheiten abzuweichen; daher ist für sie der tropische Regenwald das Paradies. In dieser paradiesischen Umwelt fand auch die frühe Entwicklung zum Homo sapiens statt. «Nackte Affen» fanden dort jederzeit Nahrung.

Außerhalb der Tropen herrscht dagegen ein Jahreszeitenklima. Je nach der Stellung der Erde, die zur Veränderung des Einfallswinkels von Sonnenstrahlung führt, kommt es zu charakteristischen Schwankungen zwischen Regen- und Trockenzeiten oder Wärme- und Kältezeiten. Nördlich und südlich der äquatornahen Tropen liegen die Trockengebiete der Erde mit Savannen, Wüsten und Steppen. In den Savannen gibt es jährliche Regenzeiten. In den Steppen dagegen regnet es nicht regelmäßig; nur selten kommt es zu Niederschlägen, die gleichwohl sehr heftig sein können. In den Wüsten regnet es noch erheblich seltener als in den Steppen.

Nach Niederschlägen entwickelt sich sofort die Vegetation: Samen keimen, kahle Sträucher und Bäume begrünen sich, viele Pflanzen beginnen bald darauf zu blühen, und aus den Blüten entwickeln sich Früchte. Die für Pflanzenwuchs ungünstigen Trockenzeiten, in denen zudem tagsüber zum Teil sehr hohe, nachts aber tiefe Temperaturen (durchaus auch Frost!) auftreten können, überstehen die Gewächse nur, wenn der Wasserverbrauch erheblich gedrosselt wird: Bäume und Sträucher verlieren ihre Blätter, Kräuter gehen nach der Reife ihrer Samen ein, manche Pflanzen speichern Wasser, zum Beispiel die Kakteen und viele andere sukkulente Pflanzen, unter anderem etliche Wolfsmilch- und Dickblattgewächse.

In diesen Weltgegenden keimen nicht zu jeder Jahreszeit neue Pflanzen, es gibt nicht immer junge Blätter, und nicht ständig reifen irgendwo Früchte. Die typischen Pflanzenfresser dieser Regionen sind Wiederkäuer und andere Tiere, die eine Symbiose mit Mikroorganismen eingegangen sind: Sie rupfen Gras vom Boden und Blätter von den Bäumen, sie benagen die Baumstämme und reißen sogar Äste vom Gesträuch ab. Die eiweißarme, aber zellulosereiche Nahrung geben sie an «ihre» Bakterien weiter. Mikroorganismen mit Enzymen, die Zellulose spalten können, erschließen die Nahrung: Herbivoren (Pflanzenfresser) wie Zebras, Pferde, Rinder, Schafe und Ziegen, Elefanten und Giraffen, aber auch viele Insekten, in deren Verdauungstrakt ebenfalls Bakterien leben, haben beständig genug Nahrung. In der Nahrungskette sind die Pflanzenfresser die potentielle Beute von Fleischfressern oder Carnivoren.

In den Trockenzeiten scheidet sich an der Bodenoberfläche Kochsalz ab. Salz und Jod brauchen Tiere unbedingt zum Überleben, können sie aber auf dem Land mit pflanzlicher Nahrung in nur sehr geringer Menge aufnehmen. Das Vorkommen von Kochsalz in den Trockengebieten könnte ein Grund dafür sein, daß besonders viele große Tiere in den Subtropen vorkommen, nicht aber in anderen Landregionen der Erde – auch nicht in den tropischen Regenwäldern, wo es fast alles im Überfluß gibt, aber nur wenig Kochsalz. Jod wird aus bestimmten Gesteinen freigesetzt; in einigen Regionen gibt es daher jodhaltiges Trinkwasser, mit dem das Mineral aufgenommen werden kann, in anderen nicht.

Tiere, die nur Früchte oder nur frisches Gras fressen, leben auch in den Trockengebieten der Erde. Viele Insekten entwickeln sich zur gleichen Zeit wie die Pflanzen, von denen sie fressen, und überdauern die nahrungsarme Jahreszeit als Eier oder Puppen im Boden. Oder sie finden sich nur zu den Regenzeiten in den Trockenregionen ein und fressen zu anderen Jahreszeiten in anderen Gebieten. Wenn in den Tropen südlich des Äquators Regenzeit herrscht, ist nördlich Trockenzeit, und umgekehrt. Vögel und flugfähige Insekten können sich auf die klimatischen Bedingungen und die Verfügbarkeit von unterschiedlicher Nahrung im Jahreslauf einstellen, indem sie zwischen den südlichen und den nördlichen Randgebieten der Tropen hin und her fliegen, oder sie legen noch viel kompliziertere Wanderwege zurück.

Wo es nur außerordentlich selten und unregelmäßig zu Niederschlägen kommt, leben nur solche Pflanzenfresser, die sehr mobil sind und in kürzester Frist die Gebiete aufsuchen können, in denen es gerade geregnet hat: Dort entwickelt sich binnen kurzem üppigster Pflanzenbewuchs, der aber schon nach einigen Tage oder Wochen wieder verschwunden ist – unter der sengenden Sonne und wegen fehlender

Niederschläge. Wanderheuschrecken und sehr schnell große Entfernungen zurücklegende Säugetiere finden die «Oasen auf Zeit»; zu diesen Tieren zählen die Pferde.

In weiter vom Äquator entfernt gelegenen Trockengebieten, vor allem den Steppen im Inneren Asiens und Nordamerikas, besteht ein anderes Problem für Tiere, das ganze Jahr über Nahrung zu finden. Dort kann der geringe Jahresniederschlag in Form von Schnee auftreten, und dieser Schnee bedeckt dann die pflanzliche Nahrung. Die Herden von Büffeln oder Pferden müssen dann in schneeärmere oder in locker bewaldete Gebiete ziehen, in denen die Bäume mit ihren Kronen einen Teil des Schnees vom Boden fernhalten, so daß dort noch Nahrung unter der Schneedecke hervorragt oder freigescharrt werden kann.

In den gemäßigten und polaren Breiten der Erde verläuft die Entwicklung der Vegetation strikt nach den Jahreszeiten – ähnlich wie in den Randgebieten der Tropen. Der jahreszeitlich auftretende Wechsel zwischen warmen und kalten Perioden bestimmt das Pflanzenwachstum. In jedem Frühjahr keimen, grünen und blühen viele Gewächse zur gleichen Zeit. Während einer kurzen Phase des Jahres gibt es massenweise junge und eiweißreiche, aber zellulosearme Blätter. Im Sommer und Herbst stehen reichlich Früchte als Nahrung zur Verfügung. Viele von ihnen enthalten genauso wie die jungen Blätter nur wenig Zellulose. Die kalte Jahreszeit überstehen viele Pflanzenarten als Samen und Früchte im Boden; langlebige Gewächse lagern dann bestimmte Speichersubstanzen (vor allem Stärke, aber auch Eiweiß und Fett) im Holz der Stämme und in den Wurzeln, in Wurzel- und Sproßknollen (zum Beispiel in Kartoffeln) ein.

Viele Insekten sind für uns nur dann sichtbar, wenn es «ihre» ganz spezielle Nahrung gibt. Zu diesen Tieren zählen Kartoffelkäfer und Kohlweißling, und zwar sowohl deren ausgewachsene Imagines als auch deren Raupen. In den anderen Jahreszeiten sind diese Tiere nicht verschwunden, sondern sie überdauern als Eier oder Puppen im Boden. Andere Tiere fressen nur dann reichlich, wenn es ihre spezielle Nahrung gibt, und speichern organische Substanz für die kalte Jahreszeit: Einige lagern Fett unter der Haut ein. In der kalten Jahreszeit, wenn sie ihren Winterschlaf machen, zehren sie von diesen Fettpolstern. Alle ihre organische Substanz, die sie dann brauchen, wird aus dem Fett hergestellt: So überleben Igel und Bär. Mäuse, Eichelhäher, Eichhörnchen und Bienen legen einen Nahrungsspeicher außerhalb ihres Körpers an: Sie schaffen Lager von Getreidekörnern im Boden, vergraben Eicheln und Bucheckern, oder sie deponieren Zucker in der Bienenwabe. Wildschweine, die im Sommer auch Pflanzen fressen, nehmen im Winter mehr tierische Nahrung auf: Sie zerwühlen den Boden auf der Suche nach Insektenpuppen.

Im Frühjahr gibt es derart viele junge Blätter in den gemäßigten Breiten Europas, Asiens und Nordamerikas, im Sommer und Herbst derart viele Körner und Früchte, daß viel mehr Tiere dort ihr Auskommen finden können. Auch in diesen Regionen sind viele wandernde Tiere anzutreffen. Einige Zugvögel sind nur ein paar Wochen im Frühjahr im Land, weil dann die Gräser keimen, die Kräuter frisches Grün treiben. Mit dem Frühjahr, mit dem polwärts fortschreitenden Auskeimen junger eiweißreicher Blätter, wandern sie nach Norden und kehren dann zur Jahreszeit der reifenden Körner von Gräsern in den Süden zurück. Im Winter finden sich viele Zugvögel an den Meeresküsten ein, denn dort erlauben relativ milde Temperaturen das ganze Jahr über eine Keimung und ein Wachstum von Pflanzen; dort gibt es jederzeit eiweißreiche, aber zellulosearme Kost, die von den Tieren auch ohne die Mithilfe von Mikroorganismen aufgeschlossen werden kann.

Viele Zugvögel fliegen im Winter allerdings auch in die Tropen – oder in die Savannen jenseits des Äquators, in denen dann Regenzeit herrscht. Nur diejenigen Tiere, die sich mit ihren Sinnesorganen orientieren können, überleben die jahreszeitlichen Schwankungen, indem sie immer gerade dort sind, wo es Nahrung gibt. Wandernde Tiere können sich auch gut darauf einstellen, daß es bestimmte Nahrungsbestandteile an einem Aufenthaltsort in größerer Menge als anderswo gibt. Es reicht, wenn sie in den periodisch trockenen Gebieten oder am Meer genügend Kochsalz und Jod aufnehmen, das ihnen an vielen binnenländischen Orten der gemäßigten Breiten nicht in notwendiger Menge zur Verfügung steht.

Alle Ökosysteme, in denen sich die Tiere nur für eine kurze Zeit aufhalten, müssen sich das ganze Jahr über gut entwickeln, damit bestimmte Ressourcen für die Tiere bereitstehen. Die Tierart würde aussterben, wenn ein «Trittstein» auf der Wanderroute nicht mehr vorhanden wäre. Einige Gebiete der Erde haben eine besondere Bedeutung für wandernde Tiere. Dazu gehören einige Flußdeltas am Mittelmeer (Rhonedelta, Mündung des Ebro) und am Schwarzen Meer (Donaumündung), das Wattenmeer an der niederländischen, deutschen und dänischen Küste sowie die flachen Seen in der Etoschapfanne und der Victoriasee. Viele Tierarten sind dort nur für wenige Tage oder Wochen; dann ist aber der überwiegende Teil aller Individuen einer Vogelart in diesen Gebieten. Fast alle Ringelgänse und Knutts halten sich zu bestimmten Zeiten des Jahres ausschließlich im Watt an der Nordsee auf, dann aber fliegen sie weiter, und zwar an unterschiedliche Orte. Wem das Überleben und Wohlergehen dieser Vogelarten wichtig ist, muß sich für den Schutz des Wattenmeeres einsetzen.

Jede Tierart nutzt ein anders definiertes Ökosystem für ihre Nahrungsbeschaffung. So wie die Tiere sich unterscheiden, so divergieren auch ihre Umwelten. Für jede Tierart ist ein Ökosystem anders begrenzt. Allerdings umgibt das Ökosystem lediglich eine gedachte Grenze, denn jede Tierart wird versuchen, sich weiter in die Fläche auszubreiten, wenn sie sich vermehrt. Gerade am Beispiel der wandernden Tiere wird deutlich, wie sehr alle Ökosysteme miteinander verbunden sind: Die Tiere ziehen von einem Gebiet ins andere, und jede Tierart hat eine etwas andere Zugbahn.

Ökosysteme auf einer Landkarte gegeneinander abzugrenzen, widerspricht dem, was sich in unserer Umwelt beobachten läßt. Ausgehend von einer Landkarte und von Besitz- oder rechtlichen Ansprüchen möchte man genau dies aber immer tun. Der begreifliche Wunsch der Menschen nach Abgrenzung steht im Widerspruch zur naturwissenschaftlichen Realität: Ökosysteme haben keine klaren Grenzen.

Viele Mikroorganismen und Tiere haben lange Entwicklungszyklen und treten nicht in jedem Jahr in großer Menge auf. Es dauert mehrere Jahre, bis sich aus Eiern Maikäfer entwickeln. Die Tiere kommen dann massenhaft vor und bedrohen ganze Waldbestände. Sie können sie binnen kurzem kahlfressen, und zwar zu einer Jahreszeit, in der die Bäume frisches, noch eiweißreiches, aber zellulosearmes Laub austreiben. Bei

Maikäfern kommt es zu diesen sogenannten Dichteschwankungen ihrer Populationen mehr oder weniger regelmäßig. Bei anderen Tieren können diese Schwankungen viel unregelmäßiger auftreten. Die Lebewesen sind in dem einen Jahr sehr häufig, weil sie plötzlich anfangen, sich exponentiell zu vermehren. In anderen Jahren sind sie selten oder kaum zu finden.

Von diesen Umständen, aber auch ganz allgemein von den Tierwanderungen sind die carnivoren Tiere abhängig: die sogenannten «Raubtiere», die sich von Fleisch ernähren. Zu bestimmten Zeiten gibt es viel Nahrung für sie, etwa wenn sich riesige Gänseschwärme in ihrem Jagdgebiet aufhalten. Dann aber folgen Jahreszeiten, in denen viel weniger Jagdbeute zur Verfügung steht. Es gibt carnivore Tiere, die ebenfalls auf Wanderschaft gehen, andere machen zu bestimmten Jahreszeiten Jagd auf unterschiedliche Tierarten. Besonders kompliziert ist das Leben für Tiere, die Jagd auf nur alle paar Jahre auftretende Beute machen: Fledermäuse zum Beispiel vermehren sich stark, wenn an warmen Abenden im Mai viele eiweißreiche Maikäfer umherfliegen und erbeutet werden können. In solchen Jahren ziehen die Fledermäuse besonders viele Junge auf. Im folgenden Jahr, wenn dann die Maikäfer-Ausbeute wieder abnimmt, sterben viele Fledermäuse, und nur wenige Junge wachsen auf; die anderen verhungern.

Entsprechende Abhängigkeiten ergeben sich zwischen Mäusen und Eulen oder zwischen Hasen und Füchsen. Vermehrt sich das Beutetier, kann die Population des Raubtieres zunehmen. Dadurch wird das Beutetier zu stark dezimiert, und schließlich findet auch das Raubtier wieder weniger Beute. So kommt es immer wieder zu Schwankungen der Populationsgrößen bei allen Tierarten. Sie können zufällige Ursachen haben, aber auch von der Witterung abhängen. Alle diese Schwankungen beeinflussen die Populationsgrößen durch die gesamte Nahrungskette und das ganze Ökosystem. Auch die Pflanzenarten sind selbstverständlich davon betroffen: In einem Jahr sind mehr Pflanzenfresser vorhanden, im anderen weniger. In einem Jahr entwickeln sich die Pflanzen früher als die Pflanzenfresser; die Pflanzen haben dann möglicherweise bereits ein Entwicklungsstadium erreicht, in dem sie keine gute Nahrung mehr sind. Dann vermehren sich die Pflanzenfresser kaum, und ihre Populationen bleiben klein. Auch kommt es vor, daß sich beispielsweise Eichenwickler schon in den Eichen befinden, bevor diese Blätter ausgetrieben haben. In solchen Jahren überleben nur wenige Eichenwickler, und das hat dann zur Folge, daß sich Raubtiere, die Eichenwickler fressen, nicht optimal entwickeln können. Allerdings wachsen dann die Eichen bestens, und im folgenden Jahr könnte mehr Nahrung an Eichenblättern zur Verfügung stehen. Das ist für die Eichenwickler günstig, wenn sie sich genau zur richtigen Zeit entwickeln.

Es sind aber nicht nur die Populationsgrößen der meisten Tiere und Pflanzen in jedem Jahr verschieden, sondern jedes Ökosystem bietet in jedem Jahr auch ein anderes Bild. Mal ist eine Art von Organismen reichlich, mal nur selten vertreten. Der Zufall nimmt darauf einen entscheidenden Einfluß. Die Faktoren, die den Massenwechsel von Pflanzen- und Tierarten sowie deren Dichteschwankungen beeinflussen, sind außerordentlich schwer zu berechnen.

Die Ökosysteme sind aus diesem Grund offen, nicht gegeneinander abgegrenzt. Sie sind auch keine Konstanten. Abhängig von der Jahreszeit und dem jeweiligen Jahr halten sich ganz andere Tierarten in vielen Ökosystemen auf, und ihr Bild kann sich in jedem Jahr anders entwickeln. Dies ist ein besonders wichtiges Charakteristikum von Ökosystemen in Regionen mit jahreszeitlich gesteuerter Entwicklung. Denn dort beginnt die Ausbreitung vieler einjähriger oder kurzlebiger Pflanzen- und Tierarten alljährlich von neuem. Angesichts all dieser Schwankungen gibt es aus naturwissenschaftlicher Sicht keinen «Normalzustand» eines Ökosystems. Ihn definieren zu wollen ist eine Utopie. Viele Abweichungen von der nicht vorhandenen «Norm» sind in Wirklichkeit ganz normale Dichteschwankungen der Populationen. Probleme bereitet es allerdings, daß sich nur schwer erkennen läßt, ob die Abweichung eine andere Ursache als eine natürliche Dichteschwankung hat.

Durch ein genaues Monitoring läßt sich die erwünschte Gewißheit hierüber in der Tendenz finden. Das heißt, es ist notwendig, zu verschiedenen Jahreszeiten, aber auf jeden Fall alljährlich die Populationsgrößen von Tier- und Pflanzenarten an vielen Orten möglichst genau zu bestimmen. Diese Angaben müssen von vielen Beobachtungspunkten aus zusammengetragen und einer eingehenden wissenschaftlichen

Analyse unterzogen werden. Aus solchen Datensammlungen geht hervor, wie stark die Schwankungen der Populationsgrößen der Pflanzen- und Tierarten sind, und erst auf ihrer Grundlage läßt sich erkennen, wann eine Abweichung von den üblichen Schwankungen auftritt. Soll er naturwissenschaftlich begründet sein, muß dem Alarm «Eine Pflanzen- oder Tierart stirbt aus!», den wir häufig hören oder lesen, eine sorgfältige und langwierige Analyse vorausgehen.

Dieses wissenschaftliche Vorgehen sehen viele Naturschützer als unrealistisch an, denn sie sagen, eine naturwissenschaftliche Analyse von Dichteschwankungen der Populationen dauere viel zu lang; gefährdete Pflanzen- und Tierarten seien längst ausgestorben, bevor die Datenanalysen vorliegen. Das ist nicht von der Hand zu weisen; aber auf die genaue wissenschaftliche Analyse zu verzichten, begünstigt Fehleinschätzungen. Mittlerweile werden bei etlichen Vogelarten solche Analysen betrieben, und zwar von miteinander vernetzten Vogelwarten. Aber notwendig wären sie für alle Organismen. Dies läßt sich aus wissenschaftlicher Sicht begründen und wird dennoch eine Utopie bleiben: Die Aufgabe ist zu groß. Dem großen Ziel des Monitorings aller Arten von Organismen näher zu kommen, wäre allerdings möglich, wenn sich mehr Menschen an dieser nicht nur interessanten, sondern auch notwendigen Arbeit beteiligen würden.

Kapitel 5 *Streß und Konkurrenz*

Eine Gruppe von Organismen der gleichen Art von Tieren oder Pflanzen, die in einem bestimmten Gebiet lebt und die man Population nennt, wird, vorausgesetzt, die Standortbedingungen lassen dies zu, mit der Zeit größer. Die Anzahl der Individuen der Population wächst zunächst exponentiell an, das heißt, die Population nimmt im Lauf der Zeit zunächst langsam, dann immer stärker zu. Dieses Wachstum ist nicht endlos, sondern stößt an eine Wachstumsgrenze, an der sich einer der Standortparameter als Minimumfaktor bemerkbar macht: Die Wachstumsgrenze wird zum Beispiel erreicht, wenn zu wenig von einem Mineralstoff vorliegt, der für das Leben der Pflanzen essentiell ist. Dann können nicht alle Individuen der Population damit versorgt werden. Begrenzender Faktor kann auch eine zu hohe oder zu niedrige Temperatur oder der Lichtmangel sein. Für Konsumenten kann es an Primärproduzenten mangeln, oder, einfacher ausgedrückt: Pflanzenfressende Tiere finden zu wenig Futterpflanzen, fleischfressende Tiere finden zu wenig Beute.

Mit Annäherung an die Wachstumsgrenze wird die Zunahme der Population schwieriger, weil sich immer offensichtlicher bemerkbar macht, daß es an etwas Lebensnotwendigem mangelt. Dann verflacht die Wachstumskurve der Population. Wenn die Population größer geworden ist, als es die Wachstumsgrenze zuläßt, wird der Mangel zur Notlage; jetzt nimmt die Populationsgröße ab und wird unter die Grenze des Wachstums gedrückt; dies macht erneut ein Wachstum der Population möglich, bis zur nächsten Überschreitung der Wachstumsgrenze. Die Größe der Population pendelt ständig um die Wachstumsgrenze, sie wächst und wird wieder eingeschränkt.

Je näher die Grenze des Wachstums rückt, desto eher wird Streß bei den einzelnen Individuen der Population ausgelöst, aber nicht bei allen gleichzeitig. Die Individuen unterscheiden sich geringfügig voneinander, weil ihre genetische Konstitution verschieden ist. Jedes Individuum ist besser oder weniger gut dazu in der Lage, mit der Mangelsituation fertig zu werden. Streß wirkt in mehreren Phasen. Unmittelbar nach dem Einwirken der streßauslösenden Situation kommt es zu einer negativen Funktionsabweichung des Organismus, die Distreß genannt wird. Der Streß kann derart stark sein, daß der Organismus akut geschädigt wird und sofort abstirbt.

Es gibt streßauslösende Ereignisse, die unmittelbar zum Absterben sämtlicher Mitglieder einer Population führen, ein Beispiel dafür wäre ein Einschlag eines Meteoriten, der sämtliche Pflanzen und Tiere an der Einschlagstelle umkommen läßt. Andere streßauslösende Ereignisse, beispielsweise Wassermangel, lassen nicht alle Individuen zugleich absterben; nur einige werden akut geschädigt und gehen ein. Bei anderen Individuen kann eine Gegenreaktion ausgelöst werden, die Eustreß genannt wird: Der Organismus versucht, durch Überkompensation mit der Schädigung fertig zu werden. Dadurch kann es zu einer Abhärtung und Anpassung des Organismus kommen.

Ein Beispiel dafür: In einer Population von Pflanzen wachsen einige Individuen schneller als andere. Normalerweise können sich diejenigen Organismen besser entwickeln, die ihre Blätter schneller entfalten, denn sie beschatten die anderen, kommen besser an das Sonnenlicht heran und leisten mehr Photosynthese bzw. Primärproduktion. Nicht so bei einer Streßsituation: Einige Individuen haben, wenn sich Mangel an Wasser bemerkbar macht, bereits zwei Blätter, andere erst eines. Von der Oberfläche der Gewächse mit zwei Blättern verdunstet mehr Wasser als von denjenigen mit einem Blatt. Nun sind die Pflanzen mit einem Blatt im Vorteil. Während die zweiblättrigen Pflanzen in Gefahr sind abzusterben, ist die Überlebens-Chance der anderen, weniger weit entwickelten erheblich besser. Wenn es ihnen gelingt, Speicherstoffe vor allem dafür zu mobilisieren, ihre Wurzeln so zu verlängern, daß sie an tiefliegende Grundwasserschichten herankommen, gelingt ihnen die Überkompensation; sie passen sich den geänderten Standortbedingungen an und überleben.

Es gibt viele Formen des Mangels, dem sich pflanzliche Organismen anpassen können. Die Blätter einiger Pflanzen können sich so stellen, daß die Strahlung schräg und nicht frontal auf sie trifft. Dann gibt das Blatt weniger Wasser ab. Es können Zuckerlösungen in Blättern eingelagert werden, die das Absterben der Organe bei Frost hinauszögern. Oder die Pflanzen wachsen aus dem Schatten, in dem sie zu wenig Photosynthese betreiben können, auf das Licht zu. Andere Formen von Streß können zur Folge haben, daß sämtliche oberirdischen Teile der Pflanze absterben und nach dem Ende des streßauslösenden Ereignisses erneut austreiben. Wenn das junge Laub eines Baumes erfriert, kann es zu einem zweiten Laubaustrieb kommen.

Bei Tieren ist Entsprechendes zu beobachten. Unterschiedliche Ausschüttungen von Hormonen sind ein weitverbreitetes Mittel der Streßbewältigung; auch psychische Faktoren können dazu beitragen, daß das eine Individuum die Streßphase besser übersteht als ein anderes. Bei vielen Tierarten kommt es bereits vor dem Erreichen der Grenzen des Wachstums zur Ausbildung von sogenannten dichteunabhängigen Wachstumsgrenzen. Innerhalb der Population werden Reviergrenzen abgesteckt: Vögel tun dies durch ihren Reviergesang. Werden die Populationen zu groß und die Reviere zu klein, werden überzählige Individuen vertrieben. Dem Streß, der bei den Revierkämpfen auftritt, sind die schwächsten Organismen nicht gewachsen; sie wandern aus oder sterben. Wenn die Schädigung des Organismus lange andauert, kann eine Erschöpfungsphase eintreten. Das Lebewesen ist dann chronisch geschädigt, stirbt im Extremfall sogar ab. Sollte das junge Laub eines Baumes auch beim zweiten Austrieb erfrieren, wird der Baum kaum in der Lage sein, nochmals genügend Speicherstoffe für die Bildung von Blättern zu mobilisieren.

An diesen Beispielen zu den Einwirkungen von Streß zeigt sich, wie wichtig es ist, daß sich die einzelnen Individuen einer Population unterscheiden. Je nach den äußeren Bedingungen ist mal das eine, mal das andere überlegen. Wer der Stärkere ist, kann nicht absolut gesagt werden. Dies richtet sich nach den wechselnden Standortbedingungen, die in der Natur etwa in jedem Frühling unterschiedlich sind: In dem einen Jahr tritt Spätfrost im April oder Mai auf, in einem anderen nicht.

In jedem Fall wirkt eine andere Form der sogenannten intraspezifischen Konkurrenz auf die Population ein, Konkurrenz innerhalb der Population oder innerhalb der Art. Sie führt dazu, daß sich unter den jeweiligen Standortbedingungen bei Streß immer der jeweils stärkste

Organismus durchsetzt. Er überlebt, und dadurch ist die Zukunft der Population gesichert. Von vornherein ist aber niemals klar, welcher der stärkere, letztlich überlegene Organismus innerhalb der Population ist. Dies ergibt sich erst aus den jeweils unterschiedlichen Standortbedingungen.

Die Streßvorgänge innerhalb von Populationen sind jedoch in der Realität viel komplizierter. Denn man darf nicht allein von den autökologischen Verhältnissen ausgehen, also vom ökologischen Verhältnis einzelner Arten zu ihrer Umwelt. Vielmehr muß bedacht werden, daß in der Regel an den Standorten zahlreiche Arten von Tieren, Pflanzen und Mikroorganismen auftreten, die zueinander in interspezifische Konkurrenz treten. Diese Konkurrenz zwischen den Arten wird bei Vorliegen synökologischer Verhältnisse beachtet. In der Synökologie untersucht man die Interaktionen von Artengemeinschaften am Standort oder, anders ausgedrückt, das Verhältnis von einzelnen Arten zu ihrer gesamten, auch der belebten Umwelt.

Ein besonderer Fall von Synökologie wurde bereits thematisiert, nämlich das Verhältnis zwischen Produzent und Konsument, Beute und Räuber in der Nahrungskette. Alle an der Nahrungskette beteiligten Organismen haben zu bestimmten Zeiten Streß. Fressen Tiere Pflanzen, müssen die Pflanzen mit der Streßsituation fertig werden, daß ihnen Blätter abgerupft werden. In diesem Moment kann es sowohl zu Distreß und akutem Absterben der Pflanze kommen wie auch zu anschließendem Eustreß und Kompensation, indem die Pflanze erneut Blätter austreibt.

Gibt es nicht genügend Nahrung, weil sich die Population der Herbivoren zu stark (exponentiell) vermehrt hat oder weil eine ganze Population von Gräsern durch Überweidung letal geschädigt wurde, kommt es bei den Herbivoren zu Streßsymptomen. Dasjenige Tier überlebt am ehesten, dem es gelingt, in der Eustreßphase andere Nahrung zu erschließen oder eigene Fettreserven zu mobilisieren. Im Vorteil ist dann aber auch möglicherweise dasjenige Individuum, das am kleinsten ist und den geringsten Nahrungsbedarf hat.

Im Verhältnis zwischen den herbivoren und carnivoren Tieren oder zwischen carnivoren Tieren, bei den sogenannten Räuber-Beute-Beziehungen, haben beide «Partner» (die man freilich eher als «Feinde» bezeichnen sollte) Streß: Das gilt auch, wenn der Fuchs den Hasen jagt. Unter Berücksichtigung des Phänomens Streß müssen wir diesen Vorgang so beschreiben: Der Hase rennt um sein Leben, der Fuchs um seine Nahrung und damit ebenfalls um sein Leben. Ein Hase, der durch Ausschüttung von Hormonen, durch besonders geschicktes Hakenschlagen die Streßsituation kompensieren kann, entkommt dem Fuchs. Aber auch der Fuchs kann derjenige sein, der durch Aktivierung letzter Reserven in der Streßsituation «Sieger» wird: dann nämlich, wenn er in der Phase von Streß in der Lage ist, den Hasen zu packen, so daß seine Ernährung und damit sein Überleben gesichert ist.

Um die Komplexität von Synökologie im Unterschied zur Autökologie zu demonstrieren, führte der Pflanzenökologe Heinz Ellenberg den sogenannten Hohenheimer Grundwasserversuch durch. In verschiedenen Gewächshausbeeten wurden die Körner von vier Gräserarten ausgesät: Aufrechte Trespe, Glatthafer, Wiesenfuchsschwanz und Sumpfrispengras. In den Beeten wurden unterschiedlich hohe Grundwasserstände eingestellt. Wenn man die Gräser in Reinsaat ausbrachte, also nur jeweils eine der Pflanzenarten in einem Beet wachsen ließ, stellte sich heraus, daß alle ganz ähnliche Wachstumseigenschaften besaßen: Sie gediehen am besten, wenn das Grundwasser etliche Zentimeter unter der Bodenoberfläche stand. Dann kamen die Pflanzen jederzeit an Wasser und Mineralstoffe heran, doch auch der zur Atmung dringend benötigte Sauerstoff gelangte an die Wurzeln.

Ellenberg säte dann Körner aller vier Grasarten gemeinsam in ein Beet und untersuchte, bei welchen Grundwasserständen sie am besten wuchsen. Erstaunlicherweise zeigten bei Vorliegen interspezifischer Konkurrenz alle vier Grasarten ein unterschiedliches Wachstumsverhalten. Wenn das Grundwasser sehr niedrig stand, wuchs die Aufrechte Trespe am besten. Zwar konnten alle Gräser gleichermaßen Wasser und Mineralstoffe kaum erreichen, aber die Individuen der Aufrechten Trespe wurden am besten mit dieser Streßsituation fertig. Sie trieben besonders lange Wurzeln, bauten einen besonders starken osmotischen Druck auf und kamen an das Wasser besser heran als ihre Konkurrenten der anderen Grasarten.

Bei hochstehendem Grundwasser wuchsen dagegen Sumpfrispengras und Wiesenfuchsschwanz am besten. Individuen dieser Grasarten konnten am besten mit der Streßsituation des Sauerstoffmangels im Wurzelraum fertig werden. Die Individuen der anderen Grasarten hatten damit größere Schwierigkeiten. Bei mittleren Grundwasserständen entwickelte sich der Glatthafer besser als seine Konkurrenten. Sein Wachstum in der Mischkultur unterschied sich am geringsten von demjenigen in Reinkultur. Bei mittleren Standortverhältnissen war er der stärkste Konkurrent.

Viele Pflanzenarten kommen also nicht vor allem dort vor, wo sie dies aus physiologischen Gründen könnten, sondern dort, wo es ihnen aus synökologischen Gründen, durch Konkurrenz zu anderen Pflanzenarten «zugestanden» wird. Die eine Pflanzenart kann mit der einen Form von Streß am Standort besser fertig werden, die andere mit einer anderen Mangelsituation. Und dies bestimmt ihr Wachstumsverhalten, wie wir es im Gelände beobachten können.

Entsprechendes gilt bei Tieren. An einem bestimmten Ort ist zeitweise die eine Art überlegen, zeitweise eine andere. Wenn eine bestimmte Pflanzenart eine gute Futterquelle ist, wird sie gefressen, dezimiert, dem Streß ausgesetzt. Wird die Pflanze größer, sinkt ihre Futterqualität; Nahrungsmangelstreß tritt dann beim pflanzenfressenden Tier auf.

Welchen Ausgang das Räuber-Beute-Verhältnis zwischen Fuchs und Hase nimmt, hängt ebenso von der Jahreszeit ab. Der Hase ist stärker, wenn er viel Nahrung gefunden hat, er ist leichter zu erbeuten, wenn er durch Hunger Streß leidet. Beeinflußt wird das Räuber-Beute-Verhältnis ebenso durch die unterschiedlichen Zeiten, in denen Hasen und Füchse Junge haben. Ferner hat der Fuchs Konkurrenten, die Hasen schlagen, beispielsweise große Greifvögel. Mehr Hasen werden erbeutet, wenn die Populationen von Ratten und Rebhühnern klein sind; gibt es viele Ratten, machen die Füchse auch Jagd auf diese Tiere und «verschonen» so manchen Hasen.

Beispiele dieser Art lassen sich beliebig vermehren. Sie alle zeigen, daß am Standort nicht so einfach festzulegen ist, welche Art, welche Population oder welche Individuen die stärksten sind. Je nach den

Standortbedingungen ist diese Frage immer wieder neu zu beantworten. Keine Gruppe von Individuen ist immer und überall überlegen. Wenn man die Aussagen von Herbert Spencer und Charles Darwin, die vom «Recht des Stärkeren» oder dem «Survival of the fittest» sprachen, im Sinne der modernen Naturwissenschaft Ökologie richtig verstehen will, muß man diesen Sachverhalt klar herausstellen. Keine Art von Lebewesen ist immer und überall die stärkste. Ihr Überleben hängt entscheidend von den Standortbedingungen ab.

Die synökologischen Verhältnisse zwischen einzelnen Organismenarten bleiben nicht konstant. Sie verändern sich im Lauf der Zeit. Lebewesen verfügen meist über große physiologische Amplituden für Standortbedingungen, an denen sie überleben könnten, doch nur an einem kleinen Teil von Orten setzen sie sich tatsächlich durch. Ihre Grenzen des Wachstums sind nicht physiologisch, sondern ökologisch bestimmt. Immer wieder versuchen Pflanzenindividuen an den noch nicht besiedelten Orten mit den dort bereits vorherrschenden Arten in Konkurrenz zu treten und sich durchzusetzen. Dies gelingt auch häufig; Veränderungen der Wuchsgebiete oder Areale können daraus resultieren. Die Häufigkeit einer anderen Pflanzenart nimmt aber dadurch ab, denn die Fläche der Standorte läßt sich nicht beliebig erweitern. Unnötig zu sagen: Für Tiere gilt auch in diesem Zusammenhang Entsprechendes.

Kapitel 6 *Selektion als natürliche Auswahl von «Kronen der Schöpfung»*

Das Ergebnis der unterschiedlichen Streßbewältigung bei Individuen, die zu einer Population zählen, ist die Selektion. Einzelne Individuen, die den Streß mit seinen Phasen Distreß und Eustreß besser als andere bewältigen, überleben oder haben einen Entwicklungsvorteil. Dies ist das «Survival of the fittest». Individuen mit einer ungünstigeren natürlichen Konstitution werden benachteiligt, verdrängt, oder sie sterben. Diese natürliche Auslese findet nicht nur zu einem einzigen Zeitpunkt statt, sondern ist ein permanenter Vorgang in natürlichen Ökosystemen, der historische Prozeß der Evolution ohne Anfang und Ende. Die Bedingungen der Auslese verändern sich dadurch, daß im Lauf der Zeit immer wieder andere Individuen entstehen und sich am Selektionsprozeß beteiligen. Alle Populationen von Organismen, die in einem Ökosystem gemeinsam vorkommen, unterliegen ständig der natürlichen Auslese. In jeder Art überleben nur die «fittesten» Individuen, oder diese Individuen sind am erfolgreichsten. Alle überlebenden Individuen aus zahlreichen Arten müssen daher als «Kronen der Schöpfung» bezeichnet werden. «Besser» und «schlechter» entwickelte Arten von Organismen gibt es in natürlichen Ökosystemen nicht. Alle sind optimal an ihren Lebensraum angepaßt, und ihre Anpassung schreitet weiter voran. Selektion ist niemals abgeschlossen, sondern auch in der Gegenwart wirksam, und sie setzt sich in der Zukunft fort. Anpassung ist ebenfalls kein abgeschlossener Prozeß, doch verläuft der Anpassungsprozeß nicht aktiv. Es stimmt nicht, daß sich eine Population oder Art von Lebewesen an ihre Umwelt anpaßt. Aus diesem Satz, den man immer wieder lesen kann, spricht ein falsches Verständnis von Biologie oder Ökologie. Lebewesen werden ausgelesen oder selektiert, und dabei kommt es zur Anpassung. Anpassung ist kein aktiver, sondern ein passiver Prozeß. Zutreffender wäre es, davon zu sprechen, daß eine Population oder Art von Organismen im Lauf der Zeit an einen Lebensraum angepaßt wird. Dabei wird die «Krone der Schöpfung» für jede Population von Generation zu Generation gewissermaßen immer höher gehängt.

Die Populationen, auf die sich die Selektion und damit die Anpassung an den Standort auswirken, bestehen nicht, wie häufig in der Populationsökologie vereinfacht wird, aus genau identischen Organismen, sondern aus verschiedenen Individuen, einmaligen Lebewesen mit jeweils einer einmaligen genetischen und körperlichen (somatischen) Konstitution. Außerdem sind die Standortbedingungen für jeden Organismus unterschiedlich.

Die Selektion, das «Survival of the fittest», und die Anpassung an einen Standort sind komplizierte Prozesse, die wie geschildert stattfinden, aber nicht genau zu beobachten sind. Man kennt allerdings das Resultat, nämlich die heute vorhandene Vielfalt an Pflanzen- und Tierarten, die alle aus Individuen bestehen. Diese Individuen unterscheiden sich zwar, lassen sich aber dann, wenn sie in wesentlichen Merkmalen übereinstimmen sowie frei und fruchtbar kreuzbar sind, als Arten von Organismen beschreiben.

Natürliche Selektion ist damit erheblich komplizierter als die Züchtung oder Zuchtwahl durch den Menschen, die ebenfalls als Selektion bezeichnet wird. Pflanzen- und Tierzüchter selektieren Typen von Individuen, die in der natürlichen Selektion niemals eine Chance der Entwicklung hätten. Bei künstlicher Auslese spielen negative Funktionsabweichung und Kompensation sowie die unterschiedlichen Fähigkeiten der Individuen, damit fertig zu werden, eher eine untergeordnete Rolle. Man kann Pflanzen- und Tierzucht als Maßnahmen verstehen, mit denen Homo sapiens Streßsituationen an den Wachstumsgrenzen seiner eigenen Population zu überwinden sucht. Mit ertragreicheren Individuen von Tieren und Pflanzen lassen sich Probleme der Ernährung von Menschen eventuell lösen – zu diesem Zweck wird ja Pflanzen- und Tierzucht betrieben.

Künstliche Selektion ist an den Bedürfnissen des Menschen ausgerichtet, und sie läßt sich weitgehend auch rechnerisch planen; natürliche Selektion ergibt sich im Ökosystem, und sie läßt sich grundsätzlich nicht planen oder berechnen, weil auch dann, wenn alle Parameter der

Selektion in einem bestimmten Moment bekannt wären, damit noch nicht gesagt ist, wie sich diese im nächsten Moment verändern werden.

Bei der natürlichen Selektion kommt es immer wieder zu neuen unerwarteten Veränderungen. Künstliche Selektion dagegen zielt auf die Verbesserung von Lebensverhältnissen des Menschen ab und ist damit ein kultureller Prozeß. Eine andere Begründung für künstliche Selektion, als die menschliche Kultur zu stabilisieren, darf es nicht geben, und zwar aus ethischen und religiösen Gründen. Dies muß gesagt werden, weil Selektion für viele Menschen ein höchst fragwürdiger Begriff ist; sie assoziieren damit etwa die Selektion von KZ-Häftlingen auf der Rampe von Auschwitz.

Für die modernen Naturwissenschaften ist es undenkbar, daß die Nationalsozialisten der Häftlingsselektion in Konzentrations- und Vernichtungslagern eine biologistische Begründung gaben, indem sie behaupteten, dabei setze sich eine «stärkere» Rasse von Menschen gegenüber einer «schwächeren» durch. «Unwertes Leben» werde vernichtet. Unter natürlichen Bedingungen gibt es kein «unwertes Leben», denn alle Individuen können unter jeweils anderen Standortbedingungen die «fittesten» sein. Das gilt selbstverständlich auch für Individuen mit einer für negativ gehaltenen Abweichung vom Durchschnitt. Von vornherein «stärkere» oder «schwächere» Rassen gibt es nicht; welche Individuen mit den jeweils vorliegenden Standortbedingungen und Standortproblemen besser fertig werden als andere, ist im Ökosystem prinzipiell offen, steht keineswegs vor der Selektion fest.

Abhängig vom jeweiligen natürlichen Standort ist ein jeweils anderes Individuum jeder einzelnen Art von Organismen das «fitteste», das am besten angepaßte. Die natürliche Selektion kann in verschiedener Weise auf die Entwicklung einer Population einwirken. Es können diejenigen Individuen begünstigt sein, die mittlere Eigenschaften haben, also nicht zu klein und nicht zu groß sind, nicht zu schnell und nicht zu langsam oder nicht zu gut oder zu schlecht wachsen. Organismen mit deutlichen Abweichungen vom Durchschnitt werden dabei benachteiligt, und im Lauf der Zeit kommt es zu einer stabilisierenden Selektion. Wenn Organismen mit durchschnittlichen Eigenschaften einen Entwicklungsvorteil besitzen, bleibt das Erscheinungsbild der Populationen ziemlich unverändert erhalten. Stabilisierende Selektion wirkt vor allem auf solche Populationen ein, die sich dort, wo sie aus autökologischen Gründen am besten gedeihen, auch gegenüber anderen Tier- oder Pflanzenarten durchsetzen, weniger gut aber fernab von ihrem physiologischen Optimum. Im oben geschilderten Hohenheimer Grundwasserversuch gilt dies für den Glatthafer, in vielen mitteleuropäischen Wäldern für die Rotbuche. Dies ist derzeit so, nicht zu jeder Zeit – das muß ergänzend betont werden.

Die Selektion läuft nicht in jedem Fall so ab. Als Reaktion auf die Umweltbedingungen könnten auch extreme Typen von Individuen gefördert werden, also beispielsweise besonders große, besonders schnelle oder besonders rasch wachsende. Möglich ist es auch, daß jeweils besonders kleine Organismen einen Selektionsvorteil haben; vielleicht weil sie mit der knappen Ressource Wasser am besten auskommen. Dann findet eine gerichtete Selektion statt, bei der über lange Zeiträume hinweg extreme Typen gefördert werden, während durchschnittliche und dem Extrem entgegengesetzte Individuen zurückbleiben. Unter solchen Bedingungen verändert sich die Konstitution einer Population im Lauf der Zeit; die Tier- oder Pflanzenart «entwickelt» sich in eine bestimmte Richtung oder «paßt sich an». Dabei stellt sich nicht jedes Individuum aktiv auf die Außenbedingungen ein, sondern zu jeder Zeit haben diejenigen Individuen einen Selektionsvorteil, die wegen ihrer extremen Eigenschaften am besten mit den Streßbedingungen fertig werden. Gerichtete Selektion tritt vor allem bei solchen Tier- und Pflanzenarten auf, die dort, wo sie aus physiologischen Gründen optimal gedeihen könnten, in der interspezifischen Konkurrenz einer anderen Art unterlegen sind. Ihr Vorkommen beschränkt sich deshalb auf Standorte weitab von ihrem physiologischen Optimum, an denen sie sich besser als ihr dortiger Konkurrent entwickeln. Auf diese Weise werden extreme Typen innerhalb ihrer eigenen Population begünstigt.

Bei den am Hohenheimer Grundwasserversuch beteiligten Pflanzenarten gilt dies für die Aufrechte Trespe. Aus physiologischen Gründen wächst sie am besten bei mittleren Grundwasserständen, ist dort aber nur selten die «fitteste» Pflanze, weil sie an solchen Standorten in der Konkurrenz zum Glatthafer unterlegen ist. Die Aufrechte Trespe kann aber von den Gräsern, die am Versuch beteiligt waren, am besten mit niedrigen Grundwasserständen fertig werden, besser als der Glatthafer. Sie wächst daher vor allem an trockenen Standorten mit niedrigem Grundwasserstand. In der Selektion und Evolution setzen sich diejenigen Individuen der Aufrechten Trespe durch, die mit Trockenheit am besten fertig werden. Stünde der Glatthafer nicht in Konkurrenz zur Aufrechten Trespe, entfiele der Selektionsdruck, und die Individuen der Pflanze, die über durchschnittliche Fähigkeiten der Wasseraufnahme verfügen, wären begünstigt.

Entsprechendes gilt für die beiden am Hohenheimer Grundwasserversuch beteiligten Arten von Gräsern, die sich bei hohem Grundwasserstand besser als der Glatthafer behaupten. Sie würden aus physiologischen Gründen eigentlich ebenfalls besser dort gedeihen, wo sich der Glatthafer optimal durchsetzt. Doch im Ökosystem gelangen sie nur dort zur Dominanz, wo Individuen vom Glatthafer nicht mit den Streßbedingungen fertig werden, dies aber dem Fuchsschwanz- und Sumpfrispengras relativ gut gelingt.

Wenn eine der am Hohenheimer Grundwasserversuch beteiligten Pflanzenarten ausfiele, würden sich die anderen an ihrer Stelle stärker ausbreiten. Keineswegs würde dann das Ökosystem aus den Fugen geraten, es sähe nur ein wenig anders aus. Das heißt: Wenn in Ökosystemen eine Organismenart verschwindet oder gar insgesamt ausstirbt, verschieben sich lediglich die Häufigkeiten der anderen Arten, aber es kommt dadurch nicht zum Zusammenbruch des Ökosystems. Heinz Ellenbergs Versuch lief selbst dann erfolgreich ab, als nur eine einzige Grasart in seinem Beet stand. Auch sie wuchs. Aus einer strikt naturwissenschaftlich vorgehenden Sicht gibt es keine sogenannte «keystone species» für die Bewahrung eines Ökosystems. Es bricht zum Beispiel nicht zusammen, wenn ihm der Waldelefant oder der Sibirische Tiger fehlt. Doch können diese Tiere eine kulturelle Bedeutung haben, weil sie den für uns vertrauten Charakter eines Ökosystems bewahren. Aus «Sicht der Natur» besteht dafür keine Notwendigkeit. Schützen sollten wir diese Tiere trotzdem, nicht aber, um der Natur zu «helfen».

Die meisten unserer Waldbäume haben ähnliche physiologische Ansprüche wie die Rotbuche. Doch auf mittleren Standorten ist die Rotbuche überlegen, dort ist sie die «fitteste». An manchen trockenen Felsköpfen hingegen setzt sich die Eiche oder die Kiefer besser durch, und Ulmen und Linden sind in zeitweilig überschwemmten Flußniederungen der Buche überlegen; ihre Wurzeln werden offensichtlich besser mit der Sauerstoffarmut bei hohen Wasserständen fertig. Wo das Grundwasser das ganze Jahr über nahe der Bodenoberfläche steht, kann sich die Schwarzerle behaupten, die Buche aber nicht. Die Konkurrenz mitteleuropäischer Waldbäume führt unter den heutigen Bedingungen nur bei der Rotbuche zu einer stabilisierenden Selektion, während auf alle anderen Waldbäume eine gerichtete Selektion einwirkt. In den Populationen dieser Baumarten setzen sich jeweils immer diejenigen Individuen durch, die sich an den extremen Standorten sowohl gegen andere Individuen ihrer eigenen Art als auch gegen die Rotbuche am besten zu behaupten vermögen.

So waren die Bedingungen in den Wäldern nicht immer; die Rotbuche dominiert viele mitteleuropäische Wälder erst seit wenigen Jahrtausenden. Vielerorts waren zuvor Eichen dominant, noch früher Kiefern. Damals sind die Selektionsbedingungen für Eichen und Kiefern anders gewesen, stabilisierend nämlich, aber nur so lange, bis sich an den physiologisch günstigsten Standorten die Buche durchsetzte.

An diesen Beispielen zeigt sich, daß nicht nur das Vorkommen, sondern auch die Evolution von Pflanzen- und Tierarten ganz entscheidend von den ökologischen Bedingungen am Standort gesteuert wird. Die Konkurrenzverhältnisse entscheiden darüber, welche Individuen an einem Standort überleben und welche eine Population oder eine Tier- bzw. Pflanzenart jeweils bilden.

Die Bedingungen der stabilisierenden und vor allem der gerichteten Selektion sind auch entscheidend für die Bildung von neuen Tier- und Pflanzenarten. Es können sich getrennte Populationen ausbilden, wenn es zu einer sogenannten disruptiven Selektion kommt. Dann werden beispielsweise sowohl besonders große als auch besonders kleine, aber nicht diejenigen von mittlerer Größe gefördert. Oder es setzen sich sowohl besonders langsam als auch besonders schnell wachsende Individuen durch, aber nicht diejenigen mit einer mittleren Wachstumsgeschwindigkeit. Denkbar ist auch, daß sich an einem Standort früh- und spätblühende Pflanzenindividuen gut entwickeln, nicht aber diejenigen, die in einer mittleren Periode blühen. Dies ist der Fall, wenn ein stärkerer Konkurrent die mittlere Blütezeit der Pflanzenart beherrscht und ihr nur eine Blühphase zu früher oder später Zeit ermöglicht. Oder ein Pflanzenschädling, ein an der Pflanze fressender Konsument, breitet sich vor allem in der Mitte der Blütezeit der Pflanze aus, ist aber zu Beginn und zu Ende der Blühphase nicht aktiv, frißt dann nicht an den Blüten. Ein disruptives Element in der Entwicklung von Populationen tritt ebenso dann ein, wenn ein fleischfressendes Tier immer nur durchschnittlich ausgebildete Beutetiere fängt, nicht aber die besonders großen und die besonders kleinen, so daß sich die letzteren vermehren können, nicht aber die Individuen von mittlerer Größe.

Im Lauf der Zeit können sich Populationen, die durch disruptive Selektion über lange Zeit immer stärker voneinander getrennt wurden, so weit auseinanderentwickeln, daß sich ihre Individuen nicht mehr fruchtbar kreuzen: Aus einer Population werden zwei, aus einer Art von Organismen werden zwei verschiedene Arten, und zwar allein durch Selektion am Standort, im Ökosystem.

Ein disruptives, Populationen trennendes Element innerhalb der Entwicklung tritt dann auf, wenn auf der Grundlage der Konkurrenzverhältnisse im Ökosystem die durchschnittlich ausgebildeten Individuen verdrängt werden und nur die Individuen mit extrem positiven und extrem negativen Abweichungen vom Durchschnitt überdauern. Alle Individuen von Pflanzenarten haben einen etwas voneinander abweichenden Standort, und jedes einzelne Tier einer Population nimmt seine Nahrung in etwas anderer Weise auf. Wenn sich die Grundwasserstände an den Wuchsorten der Pflanzenindividuen unterscheiden, sind auch die Zeitpunkte, zu denen Streß für die Organismen ausgelöst wird, unterschiedlich. Das gilt auch für die Selektionsbedingungen: Bei hochstehendem Grundwasser werden andere Individuen gefördert als bei niedrigstehendem.

An den Küsten werden dort, wo es häufig zur Überflutung mit Salzwasser kommt, andere Individuen von Tier- und Pflanzenarten begünstigt als dort, wo das Land seltener von Meerwasser bedeckt ist. An häufiger beschatteten Orten herrschen andere Selektionsbedingungen als dort, wo nur ganz selten oder ständig Schatten herrscht. Im hohen Gebirge liegen andere Bedingungen der natürlichen Auslese vor als in den Ebenen – und dennoch kommen Rotbuche, Rothirsch und Rotschwänzchen in sehr verschiedenen Höhenlagen vor. Unterschiedliche Selektionsbedingungen wirken ständig auf die Entwicklung der Populationen ein, mag Streß nun von Frost in der Wachstumsperiode ausgehen oder von unterschiedlicher Verfügbarkeit von Nahrung zu verschiedenen Jahreszeiten.

Meeresorganismen, die zu einer Population gehören, kommen in unterschiedlichen Wassertiefen vor. Abhängig von der Wassertiefe wirken auch auf sie unterschiedliche Umweltbedingungen ein. An der Wasseroberfläche ist mehr Sonnenlicht verfügbar, auch mehr Sauerstoff, und der Druck, der vom Wasser auf die Organismen einwirkt, ist dort geringer. Allerdings ist die Dichte an Organismen an der Wasseroberfläche besonders groß – und damit auch die Konkurrenz zu anderen Organismen, die eine identische Nahrungsquelle beanspruchen. Noch dazu ist dort die Gefahr besonders groß, von anderen Organismen gefressen zu werden.

Unter den Standortbedingungen und dem Einfluß von interspezifischer Konkurrenz nimmt infolge von disruptiver Selektion die Diversität der Populationen gewissermaßen gesetzmäßig zu. In den Ökosystemen entstehen im Lauf der Zeit immer mehr Pflanzen- und Tierarten; der Artbildungsprozeß ist ständig im Gange, die Konkurrenz und die damit verbundene Selektion hat darauf permanent Einfluß. Dies gilt für Landökosysteme genauso wie für die viel älteren Meeresökosysteme; in ihnen hat sich die Gesamtheit der Arten von Organismen schon viel länger entwickelt als auf dem Land.

Die Auseinanderentwicklung von Populationen oder von Arten kann auch allein durch den Zufall gesteuert werden; dies wurde bereits Charles Darwin deutlich, der auf mehreren benachbarten Inseln des Galapagos-Archipels unterschiedliche Finken fand, obwohl auf diesen Inseln einander ähnelnde Standortbedingungen vorlagen. Entsprechend können sich in benachbarten Gebirgstälern oder auf weit voneinander entfernten Gebirgsgipfeln divergierende Formen von Tieren oder Pflanzen finden. Rein zufällig driften im Verlauf langer Zeiträume die Eigenschaften von getrennten Populationen auseinander. Insgesamt ist dabei allerdings schwer zu entscheiden, welche Rolle der Zufall und welche die disruptive Selektion spielt.

Populationen können sich ferner dann auseinanderentwickeln, wenn sich in einem Teil ihrer Individuen eine Mutation durchsetzt. Erbgutveränderungen führen in den meisten Fällen nicht zur Ausbildung von solchen Individuen, die am Standort überlegen sind. Die meisten sind in der intra- und interspezifischen Konkurrenz benachteiligt. Es ist aber durchaus möglich, daß sich auch Mutanten herausbilden, die sich anderen Individuen der gleichen Population gegenüber durchsetzen. Ein Teil einer Population kann Träger einer Mutation sein, ein anderer Teil nicht. Unter den Bedingungen der Selektion machen die mutierten Individuen eine andere Entwicklung durch als diejenigen, in denen die Mutation nicht wirksam wurde. Auch so kommt es zu einer Zunahme an Diversität.

Pflanzen- und Tierpopulationen entwickeln sich besonders schnell auseinander, wenn sie räumlich isoliert werden, etwa durch Abschnürung eines Meeresbeckens, durch Entstehung von Barrieren zwischen zwei Landmassen, durch Abtrennung von Tälern oder auch durch Auseinanderdriften der Blüh- oder Reproduktionszeiträume. Beginnt die Brunft bei Hirschen im Gebirge bereits im September, bei Tieren im Flachland aber erst im Oktober, ist die Wahrscheinlichkeit gering, daß sich Hirsche aus dem Gebirge mit solchen aus dem Flachland paaren. Die Populationen werden zunehmender Isolation ausgesetzt, und sie entwickeln sich nicht gleichartig weiter.

Die Anzahl an unterschiedlichen Populationen nimmt im Lauf der Zeit, in der sich Evolution abspielt, ständig zu. Die Diversität der Populationen wird größer. Wenn erkannt ist, daß verschiedene Populationen als unterschiedliche Arten aufgefaßt werden müssen, kann man auch feststellen: Die Diversität an Arten von Organismen nimmt zu. Dabei muß auf einen wichtigen Unterschied hingewiesen werden: Unterschiedliche Populationen von Tieren und Pflanzen bestehen, ob sie der Mensch als solche wahrgenommen hat oder nicht. Eine Art ist dagegen erst dann existent, wenn sie von Menschen erkannt und beschrieben ist.

Sprechen wir in diesem Zusammenhang von Arten, machen wir uns ein starres Bild von einem dynamischen Prozeß. Denn die Arten sind klar beschrieben, die Beschreibungen sind Konstanten. Individuen, die wir zu Arten zusammenfassen, haben aber nicht zu jedem Zeitpunkt die gleiche Konstitution. Vielmehr treten, angetrieben durch die «Motoren» der Mutation und der Selektion innerhalb der Evolution, zu jeder Zeit andere Individuen auf, die wir gleichwohl bestimmten Arten zuordnen.

Da der Vorgang der Artbildung unaufhörlich weiter abläuft, kann eine scheinbar naheliegende Frage nicht beantwortet werden: Man kann niemals in Erfahrung bringen, wie viele Arten von Organismen es zu einem bestimmten Zeitpunkt gibt. Die einzelnen Phasen der Artbildung können nicht genau erfaßt werden; man weiß nicht, wann eine Art «in statu nascendi» ist. Es ist ebenfalls schwer, den Nachweis darüber zu führen, daß eine Art ausgestorben ist. Man weiß nicht, wie viele Arten in der gleichen Zeit entstehen, in der eine unbekannte Anzahl von Arten ausstirbt. Daher kann prinzipiell niemals mit Sicherheit angegeben werden, wie sich die Biodiversität auf der Erde entwickelt und ob es zu einem Artenschwund kommt. Darüber kann nur spekuliert werden, und aus der Sicht eines Ökologen ist jede Modellrechnung dazu eine Spekulation. Sie geht nämlich stets von Prämissen aus, die aus Sicht des Ökologen nicht gezogen werden dürfen: von der Prämisse der Stabilität der Art, von der Prämisse der klaren Erkennbarkeit der Art, von der Prämisse der Gleichheit der Individuen in der Population und von der Prämisse der Gleichheit aller Wuchs- oder Vorkommensorte der Individuen.

Nur unter diesen Prämissen lassen sich Statistiken zur Zahl von Arten erstellen, die den theoretischen Äußerungen in diesem Kapitel scheinbar überlegen sind. Doch aus Sicht der ökologischen Wissenschaft ist dies ein Trugschluß. Denn es ist stets zu klären, ob es berechtigt, notwendig oder korrekt ist, mathematische Vereinfachungen in ökologische und evolutionsbiologische Sachverhalte einzuführen.

Mit Berechtigung mathematisierbar wäre in jeder ökologischen Modellrechnung nur das Verhalten des einzelnen Individuums, vorausgesetzt, es läßt sich erkennen. Damit die Simulation eines Ökosystems so gelingt, daß sie einem Biologen einleuchtet, müßte das Verhalten eines jeden Individuums errechnet oder simuliert werden. In die Berechnungen müßten die individuellen Streßbedingungen ebenso eingehen wie die individuellen Kompensationsmechanismen. Von solchen Vorgaben sind wir weit entfernt, doch werden wir uns damit auseinanderzusetzen haben, wenn es darum geht, die Wirkungsweise des Erbgutes, wie es von den Molekularbiologen immer genauer beschrieben wird, im Ökosystem zu ermitteln. Allerdings kann nur dann auf molekularbiologische Erkenntnisse zurückgegriffen werden, wenn die Genetiker genauso wie die Ökologen das Individuum in den Mittelpunkt ihrer Untersuchungen stellen – und nicht die Art oder die Population identischer Organismen oder die bei jedem Individuum nur bei oberflächlicher Betrachtung identischen Genstrukturen.

Die Erläuterungen der Zusammenhänge zwischen Ökologie und Evolution in diesem Kapitel sind sehr theoretisch. In der Tat ist es kompliziert, einzelne Phasen von Streß, Konkurrenz, Selektion und Evolution zu beobachten und zu erforschen. Damit läßt sich aber begründen, wie es zu einer Vielfalt von Lebewesen auf dieser Welt, in ihren vielen offenen Ökosystemen, gekommen ist.

Kapitel 7 *Das niemals erreichte «Gleichgewicht der Natur» und das nie stabile Ökosystem*

Der Ausblick auf Mechanismen der Evolution im letzten Kapitel war notwendig, um zu zeigen, wie es in den Ökosystemen ständig zu einer Auswahl der am besten adaptierten oder angepaßten Individuen einer jeden Art von Organismen kommt. Die Wachstumsgrenzen der Arten von Tieren, Pflanzen und Mikroorganismen bleiben nicht konstant bestehen. Vielmehr kann gelegentlich der Fall eintreten, daß einzelne Individuen als Mitglieder von Populationen Wachstumsgrenzen durchstoßen, weil sie besondere Eigenschaften haben. Diese Typen werden in der gerichteten Selektion begünstigt. Auf das Vorhandensein von Individuen, die neue, bisher von der Art nicht besiedelbare Räume «erobern», kann die Entstehung neuer Populationen und neuer Arten zurückgehen. In welcher Art von Organismen, die an einem Ökosystem beteiligt ist, diese «progressiven» Individuen auftreten, kann nicht vorhergesehen oder berechnet werden. Ihr Auftreten hängt maßgeblich davon ab, ob es in einer Population oder Art zu einer Mutation kommt, die zunächst ein Individuum betrifft und sich anschließend in der Population ausbreitet. Durchstoßen Individuen der einen Pflanzen- oder Tierart die Wachstumsgrenzen, wird damit der besiedelbare Raum für andere Arten von Organismen eingeschränkt – nach einer Phase, in der sowohl die sich ausbreitende Population als auch die in ihrer Verbreitung beschränkten Populationen den verschiedenen Streßphasen, dem Distreß wie dem Eustreß, ausgesetzt sind. Die Gegebenheiten interspezifischer Konkurrenz verschieben sich auf diese Weise unaufhörlich.

Weil Wachstumsgrenzen nicht stabil erhalten bleiben, gibt es auch kein ökologisches oder natürliches Gleichgewicht zwischen den einzelnen Arten von Tieren und Pflanzen in Ökosystemen. Wer ein Ökosystem berechnet, geht oft von der Annahme aus, es gäbe darin ein

Gleichgewicht. Die Vorstellung vom Gleichgewicht in der Natur ist eine der am weitesten verbreiteten Utopien von der Natur. Sie ist die Grundlage mathematischer Modelle. Die Vereinfachung, auf der solche Modelle basieren, ist aus biologischer Sicht unzulässig, denn dabei negiert man, daß es natürliche Selektion und Evolution in natürlichen Ökosystemen gibt.

In den natürlichen Ökosystemen verändern sich die Gegebenheiten der Selektion aber nicht nur dadurch, daß sich die Konstitutionen und Wachstumsgrenzen der einzelnen Populationen von Tieren und Pflanzen verschieben. Augenfälliger ist die Veränderung der Ökosysteme und der darin vorhandenen Selektionsbedingungen durch die sukzessive Veränderung der Standorte. Sie kann zu einer Sukzession, einer Aufeinanderfolge von Lebensgemeinschaften, führen.

Ein Musterbeispiel für eine Sukzession ist die Verlandung eines Sees. In jedem See gibt es Stoffkreisläufe, die von den grünen Pflanzen ausgehen. Pflanzliche Biomasse ist die Ernährungsbasis für Tiere. Die Biomasse von Pflanzen und Tieren wird später zersetzt, wobei Mineralstoffe frei werden, die von den Pflanzen beim erneuten Aufbau organischer Substanz wieder genutzt werden können. In Seen gibt es nicht nur Kreisläufe, sondern jeder See altert auch, verlandet. Mit dem Grund- und Oberflächenwasser werden Mineralstoffe aus zufließenden Gewässern in den See eingetragen. Am Grund des Sees lagern sich vor allem dann Substanzen ab, wenn der Wasserkörper geschichtet ist und sich nicht durchmischt. Das ist im Winter der Fall, wenn der See zugefroren ist und das Wasser unter der Eisdecke nicht vom Wind aufgewühlt wird. Das ist ebenso im Sommer der Fall, wenn das Wasser an der Oberfläche des Sees warm, in der Tiefe aber kalt ist; unterschiedlich warme Wasserkörper haben unterschiedliche Eigenschaften und mischen sich schlecht.

Im Winter setzen sich vor allem Mineralstoffe am Grund des Sees ab. Im Sommer werden ebenfalls Mineralstoffe in den See eingetragen, aber an den Grund des Seebeckens gelangen vor allem organische Substanzen, Abfallstoffe aus der biologischen Produktion des Sees und seiner Umgebung. Die Ablagerungen aus dem Winter und Sommer können wieder aufgewirbelt werden, vor allem in den Phasen der Zirkulation im Seebecken, im Frühjahr und Herbst, wenn der gesamte Wasserkörper vom Wind umgewälzt wird und auch das Wasser am Seegrund von den Auswirkungen der Luftbewegungen erfaßt wird. Dennoch bleibt Substanz am Seeboden liegen: Jeder See verlandet, und zwar ganz entscheidend von seinen Ufern aus.

Wo das Wasser nahe am Ufer etwa mannstief ist, entsteht auf mineralstoffreichen Seen ein Schwimmblattgürtel mit See- und Teichrosen. Ihre Knospen liegen am Seegrund. Dort sind sie im Winter vor dem Frost geschützt, denn unter der Eisdecke behält das Wasser stets eine Temperatur von 4°C. Bei dieser Temperatur hat Wasser seine größte Dichte. Würde es abkühlen, müßte es sich ausdehnen, was durch die Eisdecke verhindert wird. Wo das Wasser flacher ist, wachsen keine Gewächse mit Schwimmblättern, denn ihre Knospen können dort nicht vor dem Frost bewahrt werden. Im flachen Wasser am Seeufer liegt der Spülsaum, wo das Getreibsel angespült wird. Je nach Wasserstand schwankt die Lage des Spülsaumes. Im Getreibsel sind zahlreiche Mineralstoffe enthalten, die Uferpflanzen bestens wachsen lassen: Das Schilf, das sich hier entwickelt, wird, wenn am Ufer reichlich Mineralstoffe abgelagert werden, jedes Jahr bis zu übermannshoch. Hohe Wasserstände werden seltener erreicht als normale; der Spülsaum liegt selten oberhalb des Schilfgürtels. Oberhalb vom Schilfgürtel wachsen daher nur kleinere Gewächse, Binsen und Seggen, die mit weniger Mineralstoffen auskommen.

Zwischen den Wurzeln, Sprossen und Blättern sammelt sich abgestorbene organische Substanz an, auch anorganisches Sediment. Dies findet nicht nur im Sommer, sondern auch im Winter statt, wenn das Schilf zwar oberirdisch abgestorben ist, aber die trockenen Halme noch aufrecht stehen. Unter den See- oder Teichrosen wird das Wasser durch den Eintrag von Sediment allmählich flacher, so daß die Schwimmblattgewächse nicht mehr überdauern können und Röhricht sich ausbreitet. Das Terrain zwischen den Schilfhalmen wird mit der Zeit immer seltener von den Spülsäumen erreicht. Röhricht wächst dort nach einiger Zeit nicht mehr, statt dessen kommen die kleineren Seggen und Binsen hoch. Auch weiter zur Seemitte zu wird das Gewässer flacher. See- und Teichrosen wachsen weiter vom ursprünglichen Ufer entfernt, doch nur bis dort, wo die Stiele von Blättern und Blüten nicht so lang werden, daß das vom Wind bewegte Wasser zu ihrem Abreißen führt.

Wenn der See immer flacher und kleiner wird, verlagern sich die typischen Pflanzengemeinschaften der Seeufer zur Seemitte hin. Der See verlandet allmählich. Er verschwindet schließlich, und an seiner Stelle entwickelt sich ein Moor.

Im Verlauf des Verlandungsprozesses kommt es immer wieder zu Neubesiedlungen durch Pflanzen, zu Verdrängungsprozessen, zu unterschiedlichen Streßphänomenen bei allen beteiligten Populationen von Lebewesen, zu unterschiedlicher Konkurrenz. Parallel zur Entwicklung der Vegetation entwickelt sich der Boden. Aus einem Unterwasserboden wird ein Moorboden. Weil die Entwicklung der Vegetation und die Entwicklung des Bodens parallel verlaufen, nennt man einen solchen Vorgang Primärsukzession.

Die Verlandung eines Sees ist ein irreversibler Prozeß: Dort, wo ein See verschwunden ist und ein Moor sich gebildet hat, wird von Natur aus nie wieder ein See sein. Im Prinzip nimmt die Zahl der Seen auf der Erde ständig ab. Nur durch geologische Prozesse kommt es immer wieder auf natürliche Weise zur Bildung von neuen Seen, beispielsweise durch die Überformung des Landes durch Gletschereis in einer Kaltzeit.

Wenn der See kleiner wird, geht auf natürliche Weise Lebensraum für Wassertiere verloren, zunächst für die Tiere, die im tiefen Wasser leben, dann für diejenigen, die im Flachwasser vorkommen. Vögel, die im tiefen Wasser fischen, müssen ihren Aktionsbereich mehr und mehr zur Seemitte hin verlagern. Dort wird die Fläche zum Jagen immer kleiner, bis sie völlig verschwindet. Auch Vögel, die im Flachwasserbereich leben, dort andere Tiere erbeuten oder ihre Jungen aufziehen, müssen sich neue Lebensorte suchen. Schließlich gehen auch Lebensorte im Röhricht verloren, dann nämlich, wenn es keinen See und keinen Spülsaum mehr gibt. Das Überleben von Populationen dieser Tiere ist davon abhängig, ob sie in der Phase des Distreß, der durch das Verschwinden geeigneter Lebensbedingungen ausgelöst wird, einen anderen See zu finden imstande sind, an dem sie überleben können. Diese Form der Kompensation durch Eustreß gelingt Vögeln und Amphibien selbstverständlich besser als Fischen. Schaffen dies bestimmte Populationen von Tieren nicht, sterben sie aus. Solche Tierpopulationen hatten sich zuvor möglicherweise in der Abgeschlossenheit des Sees über lange Zeit entwickelt. Ihre Entwicklung und ihr Aussterben müssen als ganz natürliche Vorgänge aufgefaßt werden.

Eine solche Überlegung ist nicht aus der Luft gegriffen. Das Aussterben der Dinosaurier am Ende des Erdmittelalters könnte so oder ähnlich abgelaufen sein. In der Jura- und Kreidezeit, als die Dinosaurier lebten, setzte sich weltweit viel kalkhaltiges Sediment ab; in ihm wurden die Fossilien dieser Tiere eingebettet. Kalkreiches Sediment bildet sich selten an Land und vor allem nicht in der Tiefsee, sondern in verlandenden Flachwasserbereichen. Gab es für viele dieser Tiere keinen geeigneten Lebensraum mehr, als die Flachwasserbereiche, in denen sie zuvor gelebt hatten, weiträumig zu Land geworden waren? Saurier und viele andere Tierarten starben damals aus. Nur von einzelnen Arten überlebten Individuen, die zu einer Besiedlung auch eines anderen Lebensraumtyps in der Lage waren. Diese Individuen waren später, nach einer gerichteten Selektion, die «typischen» Vertreter der überlebenden Art.

Vielleicht ist es bezeichnend für die Wissenschaften, daß sie scheinbar einen naheliegenden Grund für das Aussterben vieler Arten von Organismen nicht diskutieren. Manche halten es für viel wahrscheinlicher, daß eine sich weltweit auswirkende Katastrophe die Ursache für das Aussterben zahlreicher Organismenarten in der Kreidezeit war. Immer wieder findet sich die Behauptung, man kenne Indizien für ihr zeitgleiches Verschwinden. Doch dies ist gar nicht möglich. Kein Datierungsverfahren ist genau genug, um zu belegen, daß viele Arten von Organismen genau zur gleichen Zeit ausgestorben seien. Geht man hingegen vom Verschwinden zahlreicher Arten durch den Verlust von geeignetem Lebensraum aus, ist es nicht zwingende Voraussetzung, die Gleichzeitigkeit der Aussterbeereignisse nachzuweisen; die Organismenarten könnten auch nach und nach verschwunden sein.

Sukzessionen laufen an vielen Orten auf der Erde, in vielen Ökosystemen ab. Aus einem Niedermoor entsteht ein Hochmoor, Offenland wird zu Wald, am Meeresufer bildet sich Neuland, unter günstigen klimatischen Bedingungen dehnen sich Gehölze an der Waldgrenze im

Gebirge genauso wie an der polaren Waldgrenze oder am Rand der tropischen Regenwälder aus.

Die Verlandung des Sees und die Entwicklung eines Moores sind völlig irreversible Vorgänge. Die Ausbreitung von Wald und die Neulandbildung an der Küste sind dagegen reversibel, umkehrbar. Schneemassen, Lawinen, Frostereignisse, große Trockenheit oder starke Überflutungen wirken den Sukzessionen entgegen. Nach den Zerstörungen können sie immer wieder neu beginnen. Die charakteristischen Ufergürtel und Verlandungsstadien der Seen können dagegen nur dort neu gebildet werden, wo sie zuvor nicht bestanden hatten.

Sukzessionen und die dagegenwirkenden Naturereignisse lassen niemals ein biologisches oder ökologisches Gleichgewicht entstehen. Niemals kommt es zur nachhaltigen Bewahrung eines Status quo. Das Ziel vieler Naturschützer, in einem Ökosystem Stabilität als Gleichgewicht «wieder»herzustellen, beruht auf einer Illusion. Von einer solchen Utopie geht auch der scheinbar exakt mathematisch vorgehende Naturwissenschaftler aus, der ein Ökosystem als statisches Modell berechnet. Seine Berechnungen zeigen interessante Ergebnisse auf mathematischer Grundlage. Doch werden sie den ökologischen Realitäten nicht gerecht. Die Limnologie oder Seenkunde als wissenschaftliche Arbeitsrichtung wurde besonders stark in den dreißiger und vierziger Jahren des 20. Jahrhunderts gefördert. Limnologen gaben an, es existiere eine Stabilität in den Kreisläufen der Stoffe im Wasser. Man erhoffte sich von der Erforschung nachhaltiger Stoffkreisläufe in den Seen bei gleichzeitiger Steigerung ihrer Produktivität als Fischgewässer einen Zuwachs an Produktion von Fisch, mit dem ein Teil der «Erzeugungsschlacht» während des «Dritten Reiches» gewonnen werden sollte. Dies erwies sich aber als Trugschluß; die erwarteten Ergebnisse traten nicht ein.

Die Entwicklung genetischer Konstitutionen von Individuen innerhalb von Populationen wird dadurch beschleunigt, daß sich immer wieder andere Konkurrenzverhältnisse an ihren Standorten ausbilden. Ökosysteme entwickeln sich unaufhörlich. Ihre Entwicklung ist irreversibel.

Populationen, Arten von Organismen und Ökosysteme unterliegen der Evolution (als natürlicherweise veränderlichem Prinzip) und nicht der Stabilität, einem Gleichgewichtszustand oder der Nachhaltigkeit. Alle diese Begriffe sind für ökologische Fragestellungen ungeeignet. Es gehört eben zu den Eigenheiten der Biologie, daß die Erscheinungsformen von Natur in Ökosystemen keine Konstanten sind.

Die Ökosysteme verändern sich insgesamt, weil sich die darin enthaltenen Populationen von Tieren, Pflanzen und Mikroorganismen verändern. Ihr Leben und Sterben ist ein gerichteter Prozeß und nicht völlig in einen biologischen Kreislauf eingeschlossen. Durch das Leben und Sterben von Organismen kommt es zu einer Veränderung der Standorte und Ökosysteme, und zwar aufgrund der Sukzession, der aufeinanderfolgenden Existenz unterschiedlicher Lebensgemeinschaften.

Ein Ökosystem läßt sich nicht konservieren. Will man bestimmte Lebensgemeinschaften bewahren, braucht man andere Argumente als vermeintliche «natürliche Nachhaltigkeit» und das natürliche Gleichgewicht. Und selbst wenn man solche Argumente gefunden hat, ist es außerordentlich kompliziert, den natürlichen Wandel von Stoffflüssen, Standortparametern, Populationen, Arten und Ökosystemen zu beeinflussen. Die Frage ist sogar, ob dies vom Prinzip her überhaupt gelingen kann. Wir unterliegen einer Täuschung, wenn wir von einer Stabilität der Lebensgemeinschaften ausgehen, die scheinbar deswegen besteht, weil die Dynamik der Ökosysteme langsam ist. Der Wandel vollzieht sich auch dann, wenn er in der belebten Natur fast nicht zu erkennen ist.

Die Menge an Materie ist nur global oder sogar nur im gesamten Sonnensystem oder im Weltraum konstant. Auf der Erde kommt es unaufhörlich zu Verlagerungen von Stoffen von einem Ökosystem ins andere. Jedes einzelne Lebewesen und das Leben insgesamt ist an der Vergrößerung der Entropie, der «Unordnung» auf der Erde, maßgeblich beteiligt: Dort ist alles beständig im Fluß.

Kapitel 8 *Ökosysteme ohne Grenzen: Hat der Wald einen Rand?*

Aus biologischer Sicht haben Ökosysteme keine klaren Grenzen. Zwar herrschen völlig unterschiedliche Lebensbedingungen im Wasser und auf dem Land, und es scheint kaum eine klarere natürliche Grenze zwischen ihnen zu geben. Aber die Wasserstände von Seen und Meeren sowie der Wasserdurchfluß in Bächen und Flüssen bleiben nicht konstant. Die Grenzen zwischen den durchlüfteten Böden am Land und den nicht durchlüfteten am und unter Wasser verschieben sich. In den Böden am Ufer der Gewässer ist zeitweise reichlich Wasser vorhanden, zeitweise fehlt es, vor allem in grobem Sand, erst recht im Schotter. Die Lage der Spülsäume variiert, so daß Mineralstoffe nicht immer an der gleichen Linie deponiert werden. Über dem Wasser erwärmt sich die Luft nicht so rasch wie über dem Land, und sie kühlt über dem Wasser nicht so schnell ab, denn das Wasser ist ein Temperaturspeicher: Hohe und niedrige Temperaturen halten sich im Wasser länger als auf dem Land und in der Luft.

Viele Arten von Lebewesen profitieren von den Schwankungen des Wasserspiegels, indem sie zeitweise Sauerstoff oder Wasser und Mineralstoffe aufnehmen. Sie entwickeln sich je nach den unterschiedlichen Wasserständen individuell verschieden, und es wirkt die Selektion in unterschiedlicher Weise auf sie ein. Es bestehen Standortgradienten zwischen trocken und naß, häufiger und seltener überflutet, mineralstoffreich und mineralstoffarm.

Vor allem für denjenigen, der am Meeresufer steht, ist die Grenze zwischen Land und Meer sehr markant. Trotzdem verschiebt sie sich ständig, ungeachtet der völligen Verschiedenheit der ökologischen Bedingungen. Auf Landkarten ist sie aber deutlich verzeichnet, und wir prägen uns die Formen von Inseln entsprechend ihrer abstrahierenden Zeichnung ein. Wenn Statistiken über die einzelnen Länder und Regionen der Erde genaue Aussagen über die Größe der Landflächen sowie über die Länge der Küstenlinien machen, über die Größe der Meere und Seen, die Länge und Breite der Bäche und Flüsse sowie über ihren Wasserdurchfluß, so meint man, es mit Konstanten zu tun zu haben. Diese Zahlen gehen aber lediglich von Abstraktionen aus.

An der Verschiebung der Küstenlinien sind Organismen beteiligt. Zu den wenigen Samenpflanzen, die wachsen können, wo nahezu täglich Überflutungen durch Salzwasser eintreten, gehört der Queller. An seinen im Herbst absterbenden Strünken können Fadenalgen und Tang hängenbleiben; es kann sich dort auch ein wenig Sand ablagern. Ganz allmählich wird die Landoberfläche höher, so daß sie seltener überflutet wird, und die langen Ausläufer des Andelgrases sich auf ihr festsetzen können. Zwischen dem Andel sammelt sich weiterer Tang und Sand, höher und höher wird die Landoberfläche, so daß dort auch Pflanzen wachsen können, die eine tägliche Überflutung mit Salzwasser nicht vertragen. Die Aufhöhung von Schlick und Sand sowie deren Befestigung durch Pflanzen kann sich im Prinzip so lange fortsetzen, bis die Landoberfläche überhaupt nicht mehr vom Salzwasser erreicht wird und Neuland entstanden ist. Dieser Prozeß läuft an flachen Küsten ständig ab. Und wenn es zu einem Eintrag von Sediment kommt, kann er auch irreversibel sein, zum Beispiel an Flußmündungen: Ihre Deltas schieben sich weiter und weiter ins Meer hinaus, weil sich Neuland bildet.

Doch stets droht auch die Zerstörung: Je höher das Land «aufgewachsen» ist, desto eher kann es durch neu entstehende Meeresströmungen wieder abgerissen werden. Durch Sukzession und anschließendes Abreißen von Land kommt es an flachen Küsten zu einem beständigen Wechselspiel zwischen Ausbreitung des Landes und Ausbreitung des Meeres. Linien, die auf Landkarten abstrahierend Küsten bezeichnen, müßten Jahr für Jahr neu gezeichnet werden. Die Strömungen des Meeres verändern sich; tiefe Wasserbereiche werden plötzlich zu Untiefen, und an anderer Stelle entsteht ein neuer tiefer Priel. Diese Veränderungen müssen an Flachküsten ständig beobachtet werden, denn wegen der unablässigen Dynamik ist es notwendig, Seekarten immer wieder zu verändern. Würde man dies nicht tun, brächte man die Küstenschiffahrt in Gefahr. Die Veränderungen der Priele stehen meist mit den Veränderungen der Küstenlinien in direktem Zusammenhang. Sie können durch die Entwicklung der Vegetation beeinflußt werden – und auch durch die Tierwelt, von der die Ausbildung der Vegetation an den Küsten in vielfältiger Weise beeinflußt wird, beispielsweise durch Röhren, die der Wattwurm in den Untergrund gräbt und damit den Untergrund durchlüftet. Wäre ohne seine Tätigkeit die Keimung von Quellersamen im sonst sauerstoff-freien Boden am Rande des Watts möglich?

Entsprechend unscharf und dynamisch ist eine weitere Grenzlinie, die wir auf Landkarten deutlich verzeichnet finden und die wichtig für die Ermittlung statistischer Größen ist: Die Grenze zwischen Wald und Offenland trennt ebenfalls völlig unterschiedliche Ökosysteme voneinander. Im Wald bildet sich ein sogenanntes Waldbinnenklima heraus, das sich vom Klima des offenen Landes unterscheidet. Die täglichen und jährlichen Temperaturschwankungen sind im Wald viel geringer als außerhalb. Im Wald hält sich die Feuchtigkeit besser; Wasser verdampft an heißen Sommertagen in der kühleren Luftmasse im Wald langsamer. Gespeichert wird es vor allem zwischen den Wurzeln der Bäume und in den Moospolstern am Boden, die aber nur dann auf Dauer bestehen, wenn sie ständig durch die Baumkronen beschattet werden.

Ein Waldbinnenklima entwickelt sich in Ansätzen schon unter einem Einzelbaum und in einer Hecke. Es entsteht unter Obst- und Olivenbäumen in einem Garten, breitet sich in alten Wohnsiedlungen aus, in denen immer höhere Bäume stehen, im Park, sogar auf altem Industriegelände oder auf dem ehemaligen Güterbahnhof, wo seit der Stillegung Gehölze emporwachsen.

So klar die ökologischen Unterschiede zwischen Wald und Offenland sind: Die Grenzen zwischen den Ökosystemen der Wälder und des offenen Landes sind in der Natur keineswegs so klar ausgebildet, wie eine Landkarte oder eine Statistik dies suggeriert. Von Natur aus bestehen statt scharfer Waldränder meistens Gradienten zwischen bewaldetem und offenem Land. Neben den hohen Bäumen stehen kleinere, daneben Gebüsch. Unter natürlichen Bedingungen bleibt der Gradient in seiner Lage nicht stabil, denn der Wald dehnt sich vermittels Sukzession ins offene Land aus: Der kleinere Baum wird größer, in der Mitte des Gebüsches wächst ein weiterer Baum in die Höhe. Wurzelschößlinge und neu keimende Sträucher kommen am Rand des Gebüsches auf – dort, wo das Land zuvor offen gewesen war, wo Gras und Kräuter dominiert hatten.

Diese Sukzession ist reversibel, denn auch das offene Land kann sich ausbreiten. Offenland etabliert sich aber nicht im Verlauf einer Sukzession, sondern nach Zerstörung der Holzgewächse, der Büsche und Bäume, ob durch Feuer, Frost oder Überflutung, durch Windbruch oder Tierfraß. Nach den Zerstörungen kommen bald kleine Kräuter auf. Wird ein Baum zerstört, der benachbarte aber nicht, wird kurzfristig eine viel klarere Waldgrenze ausgebildet als im Verlauf der Sukzession vom Offenland zum Wald. Doch von zeitweilig scharfen Waldgrenzen ausgehend bildet sich im Lauf der Jahre wieder ein gradientenartiger Waldrand heraus: mit einem Waldmantel aus kleineren oder jüngeren Bäumen und dichtem Gesträuch und einem Waldsaum mit kleinen Sträuchern. Über diese Gradienten breitet sich der Wald wieder aus, bis erneut Pflanzenindividuen an seinem Rand zerstört werden. Deutlich wird: Es gibt ein ständiges Hin und Her der Grenzen zwischen Wald und Offenland, Dschungel und Buschland. Polare und alpine Waldgrenzen sind ebenso variabel wie die Grenzen der tropischen Wälder gegenüber der Savanne, wie die Grenze des Baumbestandes an einer Oase in der Wüste.

Zu Zerstörungen mit anschließender Ausbildung scharfer Waldränder kommt es auch immer wieder im Waldinneren. Fällt ein großer Baum um, entsteht eine Lichtung, auf der sofort eine Sukzession hin zum geschlossenen Wald einsetzt. Weil sich am Ort der Lichtung bereits Waldboden befindet, gibt es keine parallele Entwicklung von Vegetation und Boden. Die Vegetation verändert sich so lange, bis sie dem Boden wieder entspricht. Diese Form der Sukzession wird daher Sekundärsukzession genannt. Dabei wandelt sich die Vegetation wieder zu einer Form hin, die dem Boden entspricht; anschließend entwickeln sich Vegetation und Boden wieder im Einklang miteinander.

Im Verlauf der Sekundärsukzession breiten sich zunächst kleine Pflanzen des Offenlandes aus. Auf den Lichtungen sind dies die Gewächse der sogenannten Schlagfluren, deren Samen viele Jahre im Boden keimfähig bleiben und die dann sofort massenhaft in die Höhe kommen, wenn nach geraumer Zeit gerade dort, wo sie im Boden liegen, eine Lichtung entstanden ist. Krautige Pflanzen auf der Lichtung werden von Sträuchern überwuchert, beispielsweise Himbeer- und Brombeergestrüpp, dann kommen größere Holunderbüsche in die Höhe, kleine und schließlich große Bäume. Die zunächst scharfen Ränder der Lichtung werden durch das Aufkommen der Vegetation mehr und mehr verwischt, verschwinden schließlich völlig. Nach einigen Jahrzehnten ist kaum noch zu bemerken, wo einst die Lichtung gelegen hatte. Solche Lichtungen entstehen übrigens nicht nur durch das Umstürzen eines einzelnen Baumes. Oft reißt er weitere Bäume mit sich um. Oder während eines Sturmes wird eine ausgedehnte Bresche in einen Wald geschlagen. Lichtungen bleiben auch nach Waldbränden, nach Abgängen von Lawinen oder dann zurück, wenn durch Trockenheit oder lange Überflutung zahlreiche Bäume in einem Waldquartier abgestorben sind.

Weil an immer wieder anderen Stellen Lichtungen im Wald entstehen, können Pflanzen des Offenlandes innerhalb von sonst geschlossenen Waldgebieten auf Dauer vorkommen, vorausgesetzt, daß sie immer wieder auf den neu entstandenen Lichtungen eine Chance zum Wachstum haben. Jeder Vorgang der Ausbreitung dieser kleinen Pflanzen kann als Kompensation gegenüber Distreß, als Eustreß aufgefaßt werden. Auf der Lichtung können sie nicht dauernd wachsen: Für sie tritt Distreß ein, wenn der Schatten am Wuchsort ein weiteres Wachstum erschwert und schließlich unmöglich macht. In einer nachfolgenden Phase des Eustreß wird wieder ein neuer Wuchsort gefunden. Wenn keine neue Lichtung besiedelt werden kann, bedeutet dies, daß der Distreß zu stark ist, um ein weiteres Überleben der Population zu ermöglichen.

Nicht nur Waldtiere, sondern auch Tiere des Offenlandes können in einem Waldland leben und überleben. Diese finden sich stets an den Lichtungen ein, die sich im Lauf der Zeit an anderen Orten auftun. Die Individuen einzelner Tierarten sind in unterschiedlicher Weise dazu befähigt, Lichtungen zu finden. Dort herrscht für viele Tiere ein besonders gutes Nahrungsangebot: junge Pflanzen mit noch nicht ausdifferenzierten Zellen, die arm an unverdaulicher Zellulose sind; krautige Pflanzen anstelle von Gehölzpflanzen, die sich von Wiederkäuern leichter abweiden lassen; Gewächse mit nahrhaften Früchten, beispielsweise Walderdbeeren. Weil Pflanzenfresser auf der Lichtung äsen, finden sich auch carnivore Tiere ein, Fleischfresser, die Pflanzenfresser erbeuten. Diejenigen Individuen und Populationen, die Lichtungen schneller finden als andere, werden in der interspezifischen Konkurrenz, Selektion und Evolution bevorzugt. Wenn es in einem Waldgebiet immer wieder zu Sekundärsukzessionen kommt, können zufällig auch andere Arten von Pflanzen und Tieren häufiger werden.

Die Artenzusammensetzung im Wald ändert sich. Dieser Vorgang nimmt allerdings lange Zeit in Anspruch und ist deshalb schwer zu beobachten. Wo Frost, Überflutung, Lawinen, Feuer etc. häufig auf Waldökosysteme einwirken, beispielsweise im Gebirge, entstehen auch häufiger Lichtungen, und Sekundärsukzessionen setzen öfter ein; dort kann die Dynamik der Vegetationsentwicklung, der Neuetablierung von Populationen oder Arten, größer sein als in der Ebene und im Hügelland. Wird der Wald seltener zerstört, ist auch die Dynamik in den Wäldern geringer.

Die Standortparameter der ökologisch unterschiedlichen Bereiche Wald und Offenland oder Meer und Land beeinflussen sich gegenseitig. Weil sich die Luft über dem Land stärker erwärmt als über dem Wasser, steigt sie über Land rascher auf; über Land entsteht niedrigerer Luftdruck als über Wasser. Infolgedessen bildet sich eine Luftströmung vom Wasser zum Land: Der Seewind bringt Luftfeuchtigkeit mit sich, die an der Küstenlinie mit der aufsteigenden Luft emporgehoben wird. An den Küstenlinien bilden sich daher besonders markante Wolkenformationen. Sie erleichtern Seeleuten die Orientierung. Denn vom Meer aus werden bei gutem Wetter lange vor dem Land die Wolkentürme über der Küste sichtbar.

Bei Sonneneinstrahlung erwärmt sich waldoffenes Land rascher als der Wald. Daher bildet sich ein kühler Luftzug vom Wald ins offene Land, mit dem auch Feuchtigkeit aus dem Wald getragen wird. Ein Teil des Wassers verdunstet von den Kronen der Bäume aus, ein anderer Teil wird ins Offenland transportiert und verdunstet dort. Wenn das aufsteigende Wasser kondensiert, bilden sich Wolken. Wenn sie sich stark zusammenballen, beginnt es zu regnen. Der größte Teil des Wassers in den Niederschlägen über dem Land stammt nicht aus dem Meer, sondern verdunstete über dem Land, und zwar vor allem von den Wäldern und ihrer Umgebung ausgehend. Das heißt: Gibt es Wälder in einem Gebiet, sind die Niederschlagsmengen größer, und zwar sowohl über dem Wald als auch über dem benachbarten Offenland. Rodet man den Wald komplett oder zerstört ihn dadurch, daß man zu viele Tiere in ihm weiden läßt, geht die Niederschlagsmenge zurück; Trockengebiete weiten sich aus. Solche Probleme dürften dazu beigetragen haben, daß vor allem in manchen subtropischen Bereichen (Sahelzone, einige Teile des indischen Subkontinentes) die Trockengebiete an Ausdehnung zugenommen haben. Gelingt es, dort Bäume zu pflanzen, werden im Lauf der Zeit auch die Niederschlagsmengen wieder größer.

Austausch zwischen den Ökosystemen erfolgt nicht nur über Luftströmungen und die Niederschläge, sondern auch durch das fließende Wasser. Aus einem Wald mit wasserspeichernden Moospolstern wird das Naß gleichmäßiger an die Gewässer abgegeben als aus einem Offenland. Mit dem Wasser werden Mineralstoffe entweder in stark schwankenden Quantitäten oder gleichmäßig transportiert und an anderer Stelle wieder abgelagert.

Verbindungen zwischen den Ökosystemen des Meeres und des Landes, zwischen Süßwasser- und Salzwasserbereichen, Wald, Gebüsch und Offenland bestehen auch über die Lebewesen. Nicht nur Pollenkörner, Samen und andere Pflanzenteile werden zwischen mehreren Ökosystemen bewegt. Vor allem gibt es zahlreiche Tiere, die scheinbar mehrere Ökosysteme nutzen und von einem in das andere wechseln. Diese Tiere leben aber keineswegs in mehreren «Umwelten» oder Ökosystemen, sondern haben einen einzigen Lebensraum, der für sie als ein einziges Ökosystem aufgefaßt werden muß. Viele Lebewesen leben zeitweilig in unbeschattetem, zeitweise in beschattetem Milieu. Andere leben zeitweilig auf dem Land, dann wieder im Meer. Sie fliegen weit hinaus aufs Meer oder weit hinein ins Land. Für jede Population oder Art von Organismen könnte man die Ökosysteme anders definieren.

Grenzen zwischen Land und Meer oder zwischen Wald und Offenland werden von Kartographen festgelegt, nicht von Ökologen. Landkarten lassen sich nur dann zeichnen, wenn per Konvention bestimmt wurde, was ein mittlerer Tidewasserstand und was ein Wald ist: x Prozent Flächenanteil von Gehölzpflanzen mit einer Höhe von y Metern. Eine Definition von Wäldern in Deutschland besagt, daß die Pflanzen 3,5 Meter hoch sein und 30 Prozent einer Fläche überschirmen müssen; außerdem soll der Bestand mindestens einen halben Hektar groß sein. Mit den auf einer Karte eingezeichneten Grenzen kann man die Landschaft in ihrem momentanen Zustand erklären. Ökologisch haben die abstrakt gezogenen Grenzen aber keine Bedeutung, denn es kommt kaum einmal vor, daß sie in der Realität der Ökosysteme genau dort bestehen und so scharf sind, wie sie auf Karten eingezeichnet wurden.

Viele Bereiche, in denen ein Waldbinnenklima entsteht, die also aus ökologischer Sicht ein Wald sind, werden auf einer Karte nicht als Wälder bezeichnet. Obstgärten sind für den Kartographen genausowenig Wälder wie Hecken; die Gärten rings um Wohnhäuser oder Parkanlagen sind ebenfalls keine Wälder wie das Gehölz, das auf dem verlassenen Industriegelände in die Höhe kommt. Andererseits gibt es Bereiche, die auf der Karte Wald genannt werden, die aber aus ökologischer Sicht keine Wälder sind: Lichtungen, Kahlschläge, Sammelplätze für Holz, Waldwiesen, Waldwege gehören zwar aus rechtlicher Sicht zum Wald, in diesen Bereichen gibt es aber kein Waldbinnenklima, und folglich gehören sie aus ökologischer Sicht nicht zu den Wäldern. Wenn wir uns in unserer Umwelt umsehen, finden wir darin zahlreiche Bereiche, die auf der Landkarte genau das darstellen, was sie aus ökologischer Sicht nicht sind: Wald oder Offenland. In die Statistik über die Waldfläche eines Landes gehen die Bereiche der Kahlschläge und Lichtungen mit ein, nicht aber die zahlreichen Feldgehölze, Gehölze auf altem Industriegelände und Gartenbereiche.

Durch die kartographische Darstellung von Landschaften wurden diese erst erklärbar. Die Einteilungen und Abstraktionen von Landschaftsräumen auf einer Landkarte sind unbedingt notwendig, damit die Landschaften überhaupt dargestellt werden können. Als man im 18. und 19. Jahrhundert die Gebirge nach Höhenstufen eingeteilt hatte, meinte man, sie verstanden zu haben; Alexander von Humboldt und andere werden deshalb besonders geschätzt.

Doch die abstrakten kartographischen Grenzlinien zwischen Landschaftsräumen können keine Grundlagen für naturwissenschaftlich angeblich exakte Kalkulationen oder Projektionen künftiger Entwicklungen sein. Sie bestehen nicht real. Daher sind sie nicht geeignet, in ökologische Simulationen einzugehen, beispielsweise für Berechnungen, wie sich die Höhenstufen der Gebirge bei einer Erwärmung der Klimas verschieben würden. Wenn sich die Standortparameter verändern, verschiebt sich noch keine kartographische Linie. Vielmehr werden die sich an den Rändern der Wälder abspielenden Sukzessionsvorgänge nicht durch Frost oder Lawinen abgebrochen, so daß der Wald sich weiter ausdehnt als je zuvor. Ob er sich aber so weit ausbreiten wird, wie in der Simulation vermutet, hängt nicht nur von dem einen Parameter der Klimaveränderung ab, sondern ist das Ergebnis zahlreicher Streß- und Konkurrenzprozesse um Standorte, die von einzelnen Pflanzen- und Tierindividuen «ausgefochten» werden. Zahlreiche weitere Parameter spielen dabei eine Rolle, unter anderem die Exposition des Geländes, die Bodenbedingungen, das verfügbare Wasser und die vorhandenen Mineralstoffe, schließlich auch die Möglichkeiten der Ausbildung des Waldbinnenklimas im sich ausbreitenden Gehölz, von dem aus das Gelände vor dem Wald mit mäßigenden Luftströmungen «versorgt» wird.

Genausowenig wie an den auffälligen Grenzen in der Landschaft, an den Grenzen der Gewässer und des Waldes, herrschen anderswo in der Vegetation klare Grenzen. Zwischen den einzelnen Typen von Wäldern verschieben sich die Gradienten entsprechend. Mit ihrer Ausbreitung können bestimmte Arten von Organismen in den Wäldern an Häufigkeit zunehmen. Andere können seltener werden, weil sie in der Konkurrenz benachteiligt werden. Kein Wald ist daher stabil, es kommen immer wieder andere Populationen oder Arten von Tieren und Pflanzen darin vor. Die Dynamik im Wald ergibt sich vor allem durch das Absterben einzelner Baumindividuen und die sich anschließenden Sekundärsukzessionen.

Auf Landkarten finden wir ein geordnetes Bild der Welt vor. In der

Realität besteht es so nicht, sondern es ist in beständiger Veränderung begriffen. Wir meinen häufig, in einer Welt zu leben, die so stabil ist wie deren Modell auf der Landkarte. Nehmen wir Veränderungen wahr, läuten die Alarmglocken: Heutzutage sieht man die Ursache für einen Wandel in den Ökosystemen eher in einem durch Klimawandel ausgelösten «Global Change» als in der natürlichen Dynamik, die in jedem Ökosystem herrscht, aber oft übersehen wird. Welche Veränderungen auf die natürliche Dynamik, welche auf einen vom Menschen induzierten Klimawandel zurückgehen, läßt sich schwer ergründen. Aber es muß zumindest bedacht werden, daß nicht nur der wie auch immer geartete und verursachte «Global Change» für Veränderungen in Ökosystemen sorgen kann, sondern auch die «ganz normale» alltägliche Veränderung.

Kapitel 9 *Die Dynamik der Natur*

Die in den letzten Kapiteln beschriebenen biologischen oder ökologischen Vorgänge beruhen auf Grundlagen der exakten Naturwissenschaften. Im Stoffwechsel der Organismen werden chemische Elemente und Verbindungen umgesetzt, die sich mit naturwissenschaftlichen Methoden eindeutig charakterisieren lassen. Chemische Elemente wie der Wasserstoff und chemische Verbindungen wie die Zitronensäure treten zwar nicht immer in genau identischer Form auf, denn es gibt zum Beispiel mehrere Isotope von Wasserstoff, die auch in Zitronensäure eingebaut sind. Aber Wasserstoff und Zitronensäure lassen sich klar beschreiben, sie unterliegen nicht allmählicher Veränderung im Lauf der Evolution. Ohne Evolution als Tatsache anzuerkennen, kann Biologie nicht betrieben werden. Die Ökologie als Teilgebiet der Biologie muß nicht nur beachten, daß Individuen, Populationen und Arten durch Evolution verändert werden; Ökologen haben auch zu bedenken, daß sich durch Sukzessionen und Zerstörungen die Grenzen von Ökosystemen beständig verschieben. Daher hat der Ökologe kaum etwas Greifbares in den Händen, das den Objekten der Mathematik, der Physik und der Chemie vergleichbar wäre!

Viele Lebensvorgänge spielen sich in Kreisläufen ab, beispielsweise im Kreislauf des Wassers, im Kreislauf des Kohlenstoffs, des Stickstoffs und der Spurenelemente. Diese Kreisläufe sind in Wirklichkeit in mehrere Teilkreisläufe aufgelöst. Sie sind geschlossen oder nahezu geschlossen und lassen sich rechnerisch beschreiben. Mit ihnen sind aber irreversible Vorgänge verbunden, die kaum zu berechnen sind, weil dabei zu viele Unbekannte eine Rolle spielen. Wasser transportiert Mineralstoffe. Sie werden aus Landmassen herausgelöst und ins Meer gespült. So kam (und kommt) nicht nur das Salz ins Meer. Aus Ablagerungen der Meere kann wieder Land werden, wenn Meeresbecken trocken fallen und Meeresablagerungen durch Kräfte aus dem Erdinneren in die Höhe gehoben werden. So wird aus kalkhaltigen Ablagerungen nach außerordentlich langen Zeiträumen wieder Land, aber in einer Form, Zusammensetzung und Ausdehnung, in der es noch niemals zuvor existiert hatte.

Diese Veränderungen sind nicht umkehrbar. In vielen Fällen sind Lebewesen an ihnen beteiligt oder beteiligt gewesen. Aus den winzigen Kalkpanzern von Mikroorganismen wurden kalkhaltige Ablagerungen, Schwammstotzen und Korallenriffe, Kreidefelsen und Kalktuff. Die Bildung dieser Substanzen wird letztlich vom Energiefluß angetrieben, der durch das Einfangen der Sonnenenergie bei der Photosynthese seinen Ausgang nimmt. Im Zusammenhang mit den Lebensprozessen werden organische Substanzen verlagert und mit ihnen die anorganischen Stoffe, die allein zurückbleiben, wenn die organischen Gerüste aus Kohlenstoff, Sauerstoff und Wasserstoff vergehen. Blütenstaub, Früchte und Samen, abgestorbene Teile von Organismen, vor allem Blätter, Fäkalien, schließlich auch Leichen von Tieren und Pflanzen können transportiert oder umgelagert werden. Dadurch kann es an einzelnen Stellen auf der Erdoberfläche zur Verarmung, an anderer Stelle zur Anreicherung von organischer Substanz kommen, auch von Phosphaten, Nitraten oder Sulfaten, die in organischer Materie eingebaut sind. Ein weiterer irreversibler Prozeß ist die unablässige Sortierung von Sedimentpartikeln. Auch daran sind Organismen beteiligt: Sie nehmen beispielsweise kleine Partikel auf, größere jedoch nicht. Oder feines, toniges Sediment bleibt zwischen Pflanzen liegen, grobes nicht. Oder das grobe Sediment bleibt dort liegen, nicht aber das feine. Tiere und Pflanzen graben sich nicht nur in lockere Ablagerungen ein, sondern auch in kompakten Fels; dabei wird der Fels zerstört, abgetragen, Stein zerkleinert, zu Sand zermahlen.

Viele dieser Prozesse kann man aus der fachlichen Sicht der Biologie wie der Geologie betrachten. Die Übergänge zwischen den Disziplinen Biologie und Geologie oder Paläontologie sind fließend. In biologischen wie geologischen Prozessen spielt der Zeitfaktor eine viel wichtigere Rolle als in Physik und Chemie. Zwar geht es in diesen Fächern auch um die Geschichte und Veränderung von Materie, sie läßt sich aber anders bestimmen als in Biologie (und Geologie), deren Strukturen und Forschungsgegenstände im Lauf der Zeit kontinuierlichen

Veränderungen unterworfen sind. Die Evolution verändert die Lebewesen, die Sukzession das Bild der Ökosysteme und Landschaften.

Während Unbelebtes ewig bestehen kann, ist das Leben für Organismen begrenzt, bei denen Keimbahn, also die genetische Konstitution, und Soma, nämlich der Körper, voneinander getrennt sind. Alle Arten von Lebewesen erhalten im Lauf der Zeit immer wieder andere genetische und somatische Konstitutionen, weil andere Individuen bestehen. Biologische bzw. ökologische Prozesse sind Zufällen unterworfen, sie lassen sich nicht komplett berechnen. Biologie und insbesondere die Ökologie haben daher eine Sonderstellung unter den Naturwissenschaften. Sie unterscheiden sich wegen ihrer überwiegend unklaren Berechenbarkeit deutlich von Mathematik, Chemie und Physik. Das Prinzip des Dynamischen gilt überall in der Welt des Lebens.

In der Biologie und im besonderen in der Ökologie wurden bisher, in Verkennung der Sonderstellung des Faches, vor allem Phänomene untersucht, die man für statisch hielt – wie in den anderen Naturwissenschaften auch. Das Prinzip der Dynamik, das die Biologie vor anderen Wissenschaftsdisziplinen eigentlich auszeichnet, wurde dagegen in wissenschaftlichen Untersuchungen eher vernachlässigt. Das einmal Gefundene und Beschriebene wird für stabil gehalten, obwohl es das nicht ist. Dies gilt für Arten von Lebewesen und Ökosysteme genauso wie für DNS-Strukturen, die man, nachdem man sie nachgewiesen hat, heute sogar patentieren lassen möchte. Als wenn man nicht wüßte, daß jede DNS-Struktur von Natur aus veränderlich ist!

Die Beschreibung stabiler Verhältnisse hängt sicher mit dem Wunsch zusammen, alle Phänomene in unserer Umwelt nicht nur zu beobachten, sondern auch – wie in einem Naturalienkabinett des 18. und 19. Jahrhunderts – festzuhalten. Dabei wird zwischen den Phänomenen der einzelnen naturwissenschaftlichen Bereiche kein Unterschied gemacht. Ein Kristall steht neben einem ausgestopften Vogel. Man verwischt sogar die Unterschiede zwischen beiden durch den Verweis darauf, daß der Kristall «wachsen» kann wie ein lebender Vogel, daß dies aber weder für den ausgeformten Kristall noch für den ausgestopften Vogel gilt. Doch man muß betonen: Die Vogelarten verändern sich unter dem Einfluß der Evolution. Das gilt für den Kristall nicht.

Von Ökologen wurden und werden Entwicklungen und Dynamik im Verlauf von Jahren, Jahrzehnten, Jahrhunderten oder Jahrtausenden eigenartigerweise bisher nur selten untersucht. Für das grundsätzliche Verständnis ökologischer Prozesse wäre es aber wichtig, die Dynamik in den Vordergrund der Untersuchungen zu rücken. Es lassen sich Dauerflächen markieren, auf denen man beobachten kann, wie sich die Lebenswelt dort verändert. Dadurch gewinnt man Vorstellungen, wie Sukzessionen ablaufen. Aus naheliegenden Gründen kann der überblickbare Zeitraum aber lediglich einige Jahre oder allenfalls Jahrzehnte betragen.

Für die Untersuchung längerfristig ablaufender Dynamik in Ökosystemen kommt den immer mächtiger werdenden Ablagerungen in Seen, Meeren und Mooren besondere Bedeutung zu. Bei ihrer Entstehung im Verlauf von irreversiblen Sukzessionen werden Überreste oder Teile von Lebewesen in sie eingelagert, zum Beispiel die mikroskopisch kleinen Silikat-Panzer von Kieselalgen (Diatomeen) und die Überreste anderer Algen. Auch Blütenstaub oder Pollenkörner werden massenhaft in solchen Ablagerungen deponiert.

Die einzelnen Arten von Diatomeen haben unterschiedlich gebaute Panzer. Man kann sie unter dem Lichtmikroskop unterscheiden, noch besser unter einem Rasterelektronenmikroskop. Sie setzen sich, interspezifisch konkurrierend, in Abhängigkeit von der Wasserqualität besser oder schlechter durch. Einige Kieselalgen gedeihen am besten, wenn das Wasser klar ist und kaum Mineralstoffe enthält. Andere Diatomeen treten vor allem dann auf, wenn das Wasser reich an Stickstoffverbindungen ist. Viele Kieselalgen leben im Meer, im Salzwasser, andere im Süßwasser und wieder andere in den verschiedenen Ausprägungen von Brackwasser, in Gemischen aus Süß- und Salzwasser. Sterben die Kieselalgen ab, sinken ihre Kieselpanzer auf den Grund des Sees oder Meeres und werden dort in den Ablagerungen eingeschlossen.

Diese Ablagerungen bilden sich, während in den Ökosystemen über ihnen eine lange währende Dynamik abläuft. Sie werden im Verlauf von langen Zeiträumen der Sedimentation und Sukzession immer mächtiger. Um die langfristige Veränderung der Gewässerökosysteme zu untersuchen, bedient man sich eines Tiefenprofils durch die Ablagerungen bis auf ihren Grund. In unterschiedlichen Tiefen, beispielsweise alle fünf Zentimeter, entnimmt man dem Profil Proben zur Untersuchung. In jeder Probe bestimmt man mikroskopisch den Gehalt an fossilen Diatomeenschalen und ordnet die Reste den verschiedenen Arten von Kieselalgen zu. Die Prozentanteile der nachgewiesenen Diatomeenarten werden in einem Diagramm aufgetragen, aus dem man erkennt, wie sich die Dominanzverhältnisse zwischen den einzelnen Kieselalgenarten im Lauf der Zeit verschoben haben. Daraus läßt sich dann ableiten, wie die Geschichte des Gewässers abgelaufen ist, in dem die Algen lebten. Auf diese Art und Weise kann man zeigen, daß es einen Wandel von Ökosystemen gegeben hat und daß Dynamik von Ökosystemen in längeren Zeiträumen besteht. Dabei wird stets klar: In keiner Phase der Bildung einer Ablagerung unter einem Meer oder unter einem See herrschte Stabilität in der Natur. Die Dynamik von Ökosystemen gibt es nicht nur in der Theorie, sondern sie läßt sich in der beschriebenen Art und Weise klar nachweisen.

Ermitteln läßt sich auch, wie sich Landökosysteme im Lauf von Jahrtausenden wandelten und wandeln, und zwar indem man die Ablagerungen von Pollenkörnern oder Blütenstaub in Seeablagerungen oder im Torf, dem Sediment der Moore, untersucht. Dabei gewinnt man nicht nur Aufschluß über die Entwicklung der Ökosysteme, in denen die Ablagerungen entstanden, sondern auch über die Ökosysteme in ihrer Umgebung; denn aus ihr stammt der herbeigewehte Blütenstaub, der in den Sedimenten der Seen oder Moore eingelagert wurde.

In Pollenkörnern wird die Erbinformation von männlichen auf weibliche Blütenteile übertragen. Von Pflanzen, die ihren Blütenstaub vom Winde verwehen lassen, werden sie in großer Zahl gebildet; in Blüten, die von Insekten besucht werden, entstehen viel weniger Pollenkörner. Der Blütenstaub der meisten Waldbäume, Gräser und vieler anderer grasartiger Gewächse wird vom Wind verblasen. Diese Pollenkörner finden sich massenhaft in der Atmosphäre (zum Leidwesen der Heuschnupfen-Patienten). Ganz wenige Körner gelangen dorthin, wohin sie eigentlich gelangen sollen, nämlich auf die weiblichen Blütenteile. Die meisten anderen Pollenkörner werden an einem beliebigen anderen Ort abgelagert, wo sie, ohne je eine weibliche Blüte bestäubt zu haben, zugrunde gehen. Wenn die Körner in einem dauernd feuchten Milieu landen, also beispielsweise auf der Oberfläche eines Sees oder eines Moores, geht die genetische Information in ihnen zwar verloren, aber ihre Außenwände können viele Jahrtausende lang erhalten bleiben. Sie werden nur dann abgebaut, wenn sie mit Sauerstoff in Berührung kommen. Aber in den Ablagerungen von Seen und Mooren gibt es keinen freien Sauerstoff; die Wände der Pollenkörner sind dort praktisch unbegrenzt haltbar. Im See sinken sie zu Boden und werden von den tonigen Ablagerungen am Seegrund bedeckt. Im Moor werden sie vom sich stetig bildenden Torf eingeschlossen.

In völliger Entsprechung zur Untersuchung von Diatomeen gewinnt man ein Profil zur Untersuchung von Pollenkörnern. Die hohlen Schalen der Pollenkörner, die wie intakte Pollenkörner aussehen, werden unter dem Mikroskop einzelnen Pflanzenarten zugeordnet. Die Pollenkörner der Pflanzenarten sehen unterschiedlich aus, einige von ihnen sind sogar recht bizarr geformt. Die sich von Schicht zu Schicht wandelnden Prozentanteile der Pollenkörner werden in einem Pollendiagramm aufgetragen.

Aus einem Pollendiagramm kann man die Prozesse ablesen, die sich in Landökosystemen in der Umgebung eines Sees oder Moores abgespielt haben. Man erkennt, wie sich zu bestimmten Zeiten einzelne Pflanzenarten gegenüber anderen durchgesetzt haben, wie einzelne Pflanzenarten häufiger und andere verdrängt wurden. Die immerwährende Dynamik der Vegetation und damit der Ökosysteme ist in ihrer Gesamtheit aus einem solchen Diagramm zu entnehmen. Es gibt kein einziges Pollendiagramm, in dem sich die Anteile einzelner Pollentypen auch nur in zwei übereinanderliegenden Schichten genau gleichen!

Diagramme über die Häufigkeitsschwankungen von Diatomeen und Pollendiagramme zeigen nicht nur die Entwicklung von Diatomeen oder Blütenpflanzen in einem Ökosystem. Die Organismen, deren Spuren man in den Profilen finden kann und deren schwankende Häufigkeiten in den Diagrammen erkennbar sind, stehen in Beziehungen zu allen anderen Organismen, die zusammen mit ihnen in den Ökosystemen vorkommen. Sie sind daher wichtige Indikatoren für die Entwicklung von Ökosystemen insgesamt. In jedem dieser Diagramme zeigt sich: Unaufhörlich wirkte die Dynamik auf die Ökosysteme ein, und unaufhörlich bestimmte Dynamik die Entwicklung der Ökosysteme. Stabile, gleichbleibende Ökosysteme gibt es grundsätzlich nicht.

In den Diatomeen- und Pollendiagrammen werden die normalen Häufigkeitsschwankungen dargestellt, die in Landökosystemen auftreten. Zusätzlich wirkte möglicherweise ein langfristiger Witterungstrend oder eine Klimaveränderung auf die in den Pollendiagrammen erkennbare Dynamik ein. Aber auch der menschliche Einfluß auf die Entwicklung von Ökosystemen und dessen Wandel findet darin seinen Niederschlag.

Die wissenschaftliche Bedeutung der Diagramme, in denen Ablagerungen von Diatomeen, Pollenkörnern oder anderen mikroskopisch kleinen Fossilien dargestellt werden, ist bisher noch nicht voll erkannt worden. Man nahm und nimmt sie als Belege für frühere Veränderungen der Umweltparameter und leitet aus ihnen ab, wie sich die Ökosysteme zu demjenigen Bild hinentwickelt haben, das heute zu erkennen ist. Diesen «Zustand» hält man für ein natürliches Charakteristikum des Ökosystems, oder man stellt Spekulationen darüber an, wie sich aus dem heute erkennbaren Bild des Ökosystems sein natürlicher Zustand erschließen läßt.

Eigentlich müßte man aber anders vorgehen. Der heutige «Zustand» eines Ökosystems ist keine Konstante; das, was wir heute in Ökosystemen erkennen, ist lediglich eine Momentaufnahme innerhalb eines langen dynamischen Prozesses, über dessen Vergangenheit uns die Diatomeen- und Pollendiagramme aufklären und über dessen Zukunft wir lediglich Spekulationen anstellen können. Wenn wir etwas über die Natur von Ökosystemen in Erfahrung bringen wollen, dürfen wir nicht nur von ihrem heutigen Bild ausgehen, sondern müssen auch ihre Dynamik erfassen, über die uns die Diagramme informieren.

Die Ökologie sollte aufgrund solcher Diagramme den Wandel als Phänomen stärker in das Zentrum ihrer wissenschaftlichen Arbeit stellen, statt lediglich den gegenwärtigen Zustand darzulegen. Das Klassifizieren von Populationen, von Arten und Ökosystemen ist noch keine Ökologie, nur eine wichtige Vorbedingung dafür. Die Funktion der

Ökosysteme erschließt sich nur, wenn man den Wandel in ihnen und damit das Einwirken von Evolution und Selektion auf die Populationen der Lebewesen berücksichtigt. Da das Ökosystem sich ständig wandelt, ergeben sich auch ständig andere Selektionsbedingungen. Niemals sind bestimmte Individuen oder bestimmte Populationen auf Dauer «am fittesten» oder am stärksten. Selektion unter sich wandelnden Bedingungen der inter- und intraspezifische Konkurrenz bedeutet, daß sich immer wieder andere Typen von Lebewesen durchsetzen.

Die Methoden, die zur Erstellung der Pollen- und Diatomeendiagramme führen, bezeichnet man häufig als Paläoökologie (oder Palökologie), weil sie angeblich nur etwas über die ökologischen Verhältnisse der Vergangenheit aussagen. Das ist nicht richtig; in Wirklichkeit zeigen sie vielmehr, wie Dynamik in Ökosystemen abläuft.

Kapitel 10 *Der Mensch im Widerstreit mit Ökologie und Selektion*

Seitdem es Menschen gibt, nutzen sie – wie jeder andere Organismus – ihre Umwelt. Der Mensch wendet sich aber – im Unterschied zu anderen Arten von Organismen – gegen die Dynamik der Natur. Wenn an den Grenzen des Wachstums menschlicher Populationen Streßzustände ausgelöst werden, heißt das sehr konkret, daß zumindest einzelne menschliche Individuen benachteiligt werden, erkranken oder vom Tode bedroht sind. Dies akzeptieren Menschen nicht: Man will stets überleben, und zwar nicht nur als Individuum, sondern auch als Gruppe, der man sich zugehörig fühlt. Dafür sprechen kulturelle, ethische und religiöse Gründe, die an Zahl im Lauf der Geschichte der Menschheit wohl immer zahlreicher wurden. Sie entwickelten sich im Widerspruch zu naturwissenschaftlichen, insbesondere biologischen oder ökologischen Grundlagen.

In den Religionen der Welt gibt es Vorstellungen über einen utopischen Urzustand der Welt und ihrer Lebewesen. Nach jüdischer und christlicher Überlieferung lebten die Menschen ursprünglich inmitten aller anderen Lebewesen in einem Paradies, in einem echten Miteinander aller Kreaturen. Dort herrschte ewiges Leben, dort tötete und fraß kein Lebewesen das andere, dort gab es keine Sünde. Dort herrschte auch keine Biologie: Alle Lebewesen waren in einem einmaligen Vorgang «erschaffen» worden, unterlagen aber nicht der Evolution, die aus dem Prozeß des Erschaffens einen immerwährenden Vorgang macht. Es gab weder Streß noch Selektion, mithin keine Einbindung in Ökosysteme, in denen Streß und Selektion zwangsläufig auftreten. Die Biologie widerspricht den Grundlagen der Religion; die christliche Kirche hat daher die biologischen Vorstellungen von Selektion und Evolution lange Zeit auf das schärfste bekämpft.

Nach einer Phase der gerichteten Evolution, die Individuen hervorgebracht hatte, die wir zur Art Homo sapiens stellen, vermehrten sich die Menschen wie alle anderen Lebewesen exponentiell: Die menschlichen Familien, die Populationen wuchsen. In dieser Zeit gab es tatsächlich «Milch und Honig» in Hülle und Fülle – so wie im Paradies. In dieser Zeit war die menschliche Existenz nicht von Hunger, sondern allein von «gefährlichen» Tieren und Krankheitserregern bedroht. Bestien und Schädlinge mußte man in Schach halten oder ihnen ausweichen, was im Lauf der Jahrtausende immer besser gelang.

Als Grenzen des Wachstums erreicht waren, gab es nicht mehr ausreichend Nahrung für alle Mitglieder der Population. Die paradiesischen Zustände waren beendet. Entweder teilten alle Mitglieder der Population nun die weniger gewordene Nahrung unter sich auf und wurden im Lauf der Zeit alle geschwächt, oder es setzte wie bei anderen Arten von Organismen intraspezifische Konkurrenz zwischen den Menschen ein: Dann wurde um die Nahrung gekämpft. Die Nahrung reichte für stärkere Individuen aus, die schwächeren gingen zugrunde, oder sie waren gezwungen, eine neue Form von Nahrung zu finden, neue Formen des Nahrungserwerbs zu ersinnen oder auszuwandern.

Nachdem an der Wachstumsgrenze eine Lösung der krisenhaften Situation gefunden worden war, traten für eine gewisse Zeit wieder paradiesische Zustände ein, in denen es reichlich Nahrung gab. Aber es folgten wieder Zeiten des Mangels, wenn die Nahrung erneut knapp geworden war. Diese Schwankungen von Ressourcen in der Nahrungskette sind ökologisch gut erklärbar. Auch in Zeiten, in denen die Grenzen des Wachstums für die menschlichen Populationen eigentlich schon erreicht waren, gab es Phasen des reichlichen Nahrungsangebotes. In darauffolgenden Phasen des Nahrungsmangels machte sich dieser um so unerbittlicher bemerkbar.

Je mehr der Mensch zum Menschen wurde, desto weniger konnte er akzeptieren, daß sich seine Population in «fetten Jahren» vergrößerte und in den anschließenden «mageren Jahren» Hunger litt. Wandel zwischen Überfluß und Mangel an Nahrung ist ein natürliches Phänomen. In dem einen Jahr sind die Standortparameter, vor allem die Witterung, günstig für die Entwicklung der Nahrung, in einem anderen nicht. In dem einen Jahr vermehren sich die Nahrungskonkurrenten des Menschen – Heuschrecken oder Mäuse – besonders stark, und es kommt zu einem besonders harten Kampf um Nahrung zwischen den Menschen und ihren Nahrungskonkurrenten. In anderen Jahren gibt es weniger von diesen Tieren, die Nahrungsgrundlage des Menschen ist besser. Je häufiger Menschen die damit verbundenen schlechten Erfahrungen machen, desto eher sorgen sie vor. Es wird ihnen bewußt, daß Ressourcen optimal genutzt werden müssen, damit Mangel so selten wie nur irgend möglich auftritt und paradiesische Zustände (auch im Diesseits, nicht nur im Jenseits!) möglichst lange anhalten.

Für denjenigen, der so denkt, bekommt Natur verschiedene Bedeutungen. Er sieht eine «gute» Natur, der er sein Leben verdankt und die ihm das Überleben ermöglicht. Er nutzt diese Natur, indem er Nahrung aus ihr bezieht. Bestimmte Erscheinungen der Natur schätzt er, liebt er sogar. Aber eine andere Natur fürchtet er, die Natur des Todes, die Naturkatastrophe. Die Menschen, aber durchaus auch andere Erscheinungen der Natur, vor allem die «schönen», die «guten» Tiere und «guten» Pflanzen, sollen vor dem Zugriff der Katastrophe geschützt werden. Dabei sind aber die Dürre, der sintflutartige Regen, die Überschwemmung, die Krankheiten der Menschen, die Viehseuchen, das Feuer und vieles andere natürliche Vorgänge, die im Rahmen eines natürlichen Wandels auftreten. Geht es darum, entweder die Dynamik der Natur generell zu akzeptieren oder gewisse Erscheinungen der Natur zu bewahren, werden die Menschen sich immer für den Schutz des Bestandes entscheiden. Das gilt selbstverständlich vor allem für Erscheinungen in der Natur, die positiv bewertet werden. Auf diese Weise versucht der Mensch, sich der Selektion zu widersetzen. Dank seines Handelns überleben auch weniger gut angepaßte Organismen und vermehren sich. Das können auch menschliche Individuen sein. Man «kuriert» Menschen mit Gebrechen, auch wenn sie unter dem Einfluß der Selektion kaum eine Überlebenschance hätten.

Oder der Mensch schützt Kulturpflanzen, die in freier Wildbahn nicht überleben könnten. Der Mensch schützt sie aber, weil er auf sie angewiesen ist. Die natürliche Selektion wirkt in diesen Fällen zwar auch auf die Entwicklung der Populationen ein, aber der menschliche Einfluß kann sie modifizieren oder sogar eliminieren. Die Menschen lassen bei der Auswahl von Kulturpflanzen eine künstliche an die Stelle der natürlichen Selektion treten.

Sicheres, möglichst mit Merkmalen des Paradieses und des Überflusses versehenes Leben und das möglichst lange Herauszögern des Todes (des eigenen wie der anderen) – beides sind Ziele, die menschliches Handeln seit Urzeiten prägen. Der Mensch verfolgt sie, so gut er kann, durch Beherrschung der Naturerscheinungen, und darum bittet er seinen Gott oder seine Götter im Gebet.

Gelang es den Menschen, den Distreß des Nahrungs- oder Ressourcenmangels in einer Eustreßphase beispielsweise durch etwas, das sie erfunden hatten, zu überwinden, blieb ihre Population nicht nur gleich groß, sondern sie wuchs weiter. Auf diese Weise konnte der Mensch die Wachstumsgrenzen für seine eigene Population immer wieder neu verschieben. Immer wieder traten Phasen des exponentiellen Wachstums menschlicher Populationen ein: nach Auswanderungen in andere Länder und der dort erfolgreichen Etablierung menschlicher Existenz, nach dem Erschließen neuer Nahrungsquellen, etwa durch die «Erfindung» des Ackerbaus und der Viehhaltung oder durch die Industrialisierung. Wachstumsgrenzen für Homo sapiens gab es immer wieder an anderer Stelle. Die sehr weitgehende Fähigkeit, Wachstumsgrenzen durch Überwindung von Streßsituationen zu verschieben, scheint eine besondere Fähigkeit des Menschen zu sein, die anderen Arten von Organismen nicht in entsprechender Weise gegeben ist. Die Überwindung von Streß kann eine alltägliche Situation sein, das Besiegen des eigenen Hungers oder die Rettung eines Familienangehörigen vor dem Zugriff der Natur.

Der Unausweichlichkeit des Schicksals läßt sich allerdings nur eine Zeitlang entgegenwirken. Dem biologischen Wandel kann man sich grundsätzlich nicht widersetzen. Das Leben ist nicht ewig, und es ist immer wieder neuen Wechselfällen unterworfen. Dennoch ist gerade der Kampf gegen die natürliche Dynamik eine wichtige Ursache für die Entstehung kultureller, ethischer und religiöser Traditionen, die den Menschen gegenüber anderen Lebewesen auszeichnen. Die Bewahrung der «guten» vor der «schlechten» oder «bösen» Natur, der Naturkatastrophe, ist ein Eckpunkt menschlicher Existenz.

Menschen beobachten die Natur und versuchen, je mehr sie dies tun, die natürlichen Bedingungen so umzugestalten, daß man sie immer besser nutzen kann. Überall sollen die Bedingungen der Natur so stabil wie nur irgend möglich werden; der möglichst jedes Jahr gleich (oder immer noch schöner!) aussehende Garten soll sich – so der Wunsch – immer weiter in die Wildnis ausweiten, in der das Unkalkulierbare von Sukzession und Selektion herrscht und die nicht voraussehbare Naturkatastrophe auftreten kann. Nach außen hin, wo die Natur ohne die Intervention des Menschen herrscht, ist der Garten geschützt. Die Bäume im Garten überleben nur, wenn man sie regelmäßig schneidet. Nur dann tragen sie reiche Früchte. Der Garten sieht nur dann in jedem Jahr gleich aus, wenn man ihn regelmäßig pflegt und das Unkraut (ein bezeichnender Name für eine negative Erscheinung der Natur!) jätet. Auf diese Weise holt man sich ein Stück ewiges Leben auf die Erde, ein eigentlich nur im Jenseits existierendes Paradies, in dem zwar Pflanzen wachsen, aber im Lauf der Jahre alles gleichbleiben soll.

Heute versucht man noch immer wie in den Anfangsphasen von Homo sapiens, paradiesische Zustände so lange wie möglich zu erhalten und «gute» vor den «bösen» Erscheinungen der Natur zu bewahren. Man tut dies mit immer weiter ausgefeilten technischen Verfahren und weiter reichenden Argumentationen, weicht aber von religiösen Bindungen immer weiter ab. Menschen mit religiösen Bindungen haben klare Richtschnüre, an die sie sich halten können. Diese Bindungen fehlen vielen Menschen in der heutigen Zeit. Auch aus diesem Grund stehen sie immer hilfloser vor den Herausforderungen der Bewahrung unserer Umwelt und vor neuen Verfahren wie der Gentechnik, die Erscheinungsformen von Leben verändern.

Stets muß klar sein: Den ökologischen Tatsachen der Dynamik, des Werdens und Vergehens stehen Absichten des Menschen gegenüber, das im Augenblick als schön oder nützlich Wahrgenommene festzuhalten. Diese Absichten sind kulturell sehr wohl berechtigt, können aber nicht ökologisch begründet werden: Ökosystemare Stabilität, Bewahrung von Arten und Ökosystemen, Unterstützung von «benachteiligten» Menschen, Tieren und Pflanzen, das Herstellen von Gleichgewichten sind Illusionen, die ihre kulturellen, ethischen oder theologischen, zum Teil auch ökonomischen Grundlagen und Berechtigungen haben. Ihnen gehen aber naturwissenschaftliche, insbesondere biologische oder ökologische Begründungen ab. Denn in Ökosystemen wird alles, was Menschen für stabil halten oder was Menschen gerne in Stabilität erhalten möchten, irgendwann einmal verändert oder zerstört.

Die heute vielbeschworene Nachhaltigkeit besteht aus ökologischer Sicht nicht. Aus naturwissenschaftlicher Sicht handelt es sich dabei um eine Utopie. Die Masse der Materie im Sonnensystem oder auf der Erde ist zwar konstant. In den einzelnen Ökosystemen kommt es aber niemals zur Ausbildung einer Nachhaltigkeit. Genauso wie die Bewahrung von Erscheinungen der Natur, die Zurückweisung von Wandel und das Anstreben eines biologischen oder ökologischen Gleichgewichtes ist sie eine Absicht der Menschen und als solche eine kulturell, ökonomisch, sozial, ethisch oder theologisch zu begründende Notwendigkeit. Damit wird deutlich: Nachhaltigkeit ist in die Hände der Menschen gegeben. Die Menschen haben es in der Hand, wie dieses Ziel verfolgt werden kann. Natürliche Ursachen für Nachhaltigkeit bestehen jedoch nicht.

Ökologie ist keine Ideologie. Aus ideologischer Sicht lassen sich lediglich einzelne als positiv gedeutete Aspekte von Natur anstreben, wohingegen man sich anderen Gesetzmäßigkeiten der Ökologie so weit wie möglich zu entziehen sucht. Der Mensch setzt solchen ökologischen Einflüssen, die er negativ bewertet, Innovationen entgegen. Sie können auf ökologischen Tatsachen beruhen, sind aber vor allem so geartet, daß die Species Homo sapiens besser, und das meint: in Stabilität, überleben kann.

Biologie und Ökologie als Teil der Biologie sind genauso wie Physik und Chemie eigenständige Naturwissenschaften. Ebensowenig wie eine physikalische oder chemische Ideologie gibt es eine biologische oder ökologische Ideologie. Wenn man sich jedoch nur einzelne Erscheinungen aus dem Gesamtbündel ökologischen Wissens herausnimmt, andere aber negiert oder übergeht, dann ist das nur ideologisch zu begründen.

Ökologische Gegebenheiten sollten gleichrangig mit physikalischen und chemischen Grundlagen beachtet werden. Ziele der Nachhaltigkeit müssen aus kulturellem Blickwinkel entwickelt werden. Als kulturelles

Ziel kann sogar sinnvollerweise eine Form von Nachhaltigkeit angestrebt werden, die natürlichen Entwicklungen zuwiderläuft. Denn Nachhaltigkeit dient dem kulturellen Ziel einer guten Zukunft für den Menschen. «Sustainable development», das Schlagwort heutiger Zeit, ist mit «nachhaltige Entwicklung» schlecht übersetzt. Anzustreben ist für die Menschheit eine Entwicklung, die Aspekte der Nachhaltigkeit berücksichtigt. Das ist gemeint, nicht die «nachhaltige Entwicklung». Wenn die Entwicklung der Menschheit erfolgreich war, hat sie dieses Ziel im Auge gehabt, wenn auch keineswegs immer erreicht. Nachhaltigkeit für die Existenz der Menschen zu erreichen war stets ein Ziel der Jagd, der Landwirtschaft und der industriellen Produktion.

Kapitel 11 *Ackerbau*

Homo sapiens lebte zunächst als Jäger und Sammler in warmen Regionen der Erde. Schon in den Phasen seiner frühen Entwicklung lernte der Mensch, durch den Gebrauch von Feuer, Gerät und Werkzeug, durch soziale Bindungen (beispielsweise die Jagd in Gemeinschaft) und durch Nutzung von Kleidung Streßsituationen zu meistern, neue Lebensräume zu erobern und neue Wege des Nahrungserwerbs zu finden. Bereits vom Anbeginn seiner Existenz hat der Mensch aus Todesangst und aus Angst um seine Mitmenschen durch die Überwindung der dabei bestehenden Streßsituationen Wachstumsgrenzen durchbrochen und ökosystemare Einbindungen zu seinen Gunsten verändert.

Durch die Jagd und das Sammeln von Pflanzenteilen ließen sich stabile Lebensbedingungen nur für wenige Individuen, nur für kleine Populationen von Menschen erreichen. Nur in wenigen Gegenden gelang dies recht gut, am ehesten am Ufer von Gewässern, wo nicht nur Fische und andere Wassertiere, sondern auch Vögel, die sich auf Wasserflächen niederließen, und Säugetiere, die am Wasser tranken, ständig vorkamen. Die Jäger brachten in Erfahrung, wo man Landtiere am besten erbeutete. Diese Beute fand sich regelmäßig an Quellen ein, die Jäger am besten von oben beobachteten. Von erhöhter Warte aus ließen sich die Tiere früher ausmachen, und Jagdwerkzeuge flogen weiter, wenn man sie von oben nach unten schleuderte.

Gesammelt wurden vor allem Pflanzenteile, die arm an Zellulose, dafür aber reich an anderer organischer Substanz sind. Dadurch sind sie für Menschen ebenso wie für die Pflanzenfresser unter den Tieren ohne zellulosezersetzende Mikroorganismen verwertbar. Die Menschen sammelten Früchte und Speicherorgane (verdickte Wurzeln, verdickte Stengel, Sproßknollen) mit einem hohen Gehalt an Stärke, Fett, Eiweiß oder Zucker. Alle diese Substanzen kann der menschliche Organismus gut für sich nutzen. Entsprechend den Bedingungen des natürlichen Wandels sind Pflanzen mit nahrhaften Teilen in einigen Jahren häufiger, in anderen seltener. Diesem Wandel widersetzt sich der Mensch, indem er Pflanzen mit nahrhaften Teilen fördert, andere Gewächse aber zurückdrängt. Ständig soll eine gleichbleibend große Menge an Nahrung zur Verfügung stehen.

Die Absicht, jedes Jahr gleiche Mengen an Nahrung und daher stabile Lebensbedingungen zu haben, steht am Anfang des Ackerbaus. Stabile Lebensbedingungen hat kein einziges Lebewesen auf der Erde, weil die ökosystemaren Beziehungen zwischen den Lebewesen und ihrer Umwelt nicht statisch sein können. Ackerbau widersprach also von Anfang an elementaren Grundlagen der Ökologie. Doch war und ist er die Basis der Kultur. Wenn wir Kultur haben wollen, bedeutet dies einerseits, elementare Gesetze der Ökologie zu überwinden. Andererseits lassen sich die Gesetze der Ökologie nie völlig außer Kraft setzen: Sie müssen so weit beachtet werden, daß sie Basis für eine optimale Nutzung des Bodens sind. Mit der Entscheidung, Landwirtschaft zu betreiben, hat sich der Mensch von einer Existenz verabschiedet, die ihn vom Wechselspiel der Ökologie völlig abhängig sein ließ. «Zurück zur Natur» würde für den Menschen heißen, wieder eine Existenz ohne Landwirtschaft zu wählen, und auch ohne komplexe Verfahren der Jagd. Doch diesen Weg zurück gibt es nicht. Er würde nicht nur für viele Menschen den Verlust der Überlebensmöglichkeit zur Folge haben. Auch viele Ökosysteme, viele Pflanzen- und Tierarten sind durch jahrtausendelange Landwirtschaft stark verändert und neu geprägt worden. Weder der Mensch noch Tiere und Pflanzen können sich zu einem «Ursprungszustand» zurückentwickeln.

Vor dem Beginn des Ackerbaus mußten die Anbaupflanzen genetisch und phänotypisch durch Auslese verändert werden. Die betreffenden Pflanzen hatten beispielsweise bereits große Körner, sonst wären sie den Menschen gar nicht aufgefallen. Am Anfang der Auslese von Kulturpflanzen kam es weniger auf Steigerungen der Erträge als darauf an, daß sie effizient geerntet werden konnten. Früchte und Samen reifen unter natürlichen Verhältnissen nicht gleichmäßig und gleichzeitig an den Pflanzen, sondern nach und nach; Same nach Same fällt unmittelbar nach der Reife von den Pflanzen herab, um so schnell wie möglich zu keimen und zu einer Samen tragenden Pflanze zu werden.

Für den Menschen ist dies nicht effizient. Es ist unmöglich, an Gräsern mit großen Körnern jeden Tag vorbeizugehen und nur wenige reife Körner von ihren Ähren abzustreifen. Zunächst vielleicht unbewußt, später immer bewußter sammelten die Menschen Körner von solchen Pflanzen, bei denen sie, obwohl sie reif waren, noch an der Pflanze saßen und nicht zu Boden gefallen waren. Bei diesen Gräsern ist genetisch festgelegt, daß die Ährenachse derart stabil ist, daß sie bei der Reife der Körner weniger leicht oder überhaupt nicht zerbricht. Unter natürlichen Bedingungen ist eine solche Pflanze benachteiligt, denn ihre reifen Körner fallen bei der Reife nicht sofort zu Boden, und es entstehen nicht sofort wieder neue Pflanzen aus den Samen. Die natürliche Selektion kann von der Selektion des Menschen überlagert werden, dem es darauf ankommt, Pflanzen mit stabilen Ährenachsen zu fördern. Mit diesem selektierenden Eingriff des Menschen begann die genetische Veränderung von Kulturpflanzen. In ihren Populationen setzten sich dank menschlichen Einflusses die Typen mit festen Ährenachsen mehr und mehr durch. Das Werden von Kulturpflanzen hatte damit bereits begonnen, bevor es die ersten Äcker gab. Die genetische Veränderung von Kulturpflanzen setzte keineswegs erst mit dem Beginn der modernen Pflanzenzüchtung oder gar mit der Einführung der Gentechnik ein; stets geht es bei diesen Verfahren darum, die genetische Konstitution und, dadurch hervorgerufen, den Phänotyp der Organismen zu verändern, so daß Menschen sie besser nutzen können. Nachdem es gelungen war, Kulturpflanzen so zu verändern, daß sie angebaut und effizient geerntet werden konnten, war es auch möglich, ihre Erträge durch Selektion zu steigern. Aber dieses Ausleseziel stand zu Beginn des Ackerbaus erst an zweiter Stelle.

Wann es die ersten Kulturpflanzen gab und wann zum ersten Mal Ackerbau getrieben wurde, läßt sich nicht nachweisen. Das hat damit zu tun, daß die Entstehung von Kulturpflanzen und Ackerbau ein lange währender Prozeß war, in dem sich die Konstitutionen von Pflanzen und die Lebensweise der Menschen zugleich veränderten. Der Anfang des Ackerbaus war von den Mechanismen der Evolution abhängig und ist als solcher ein historischer Vorgang, aber wie alle Prozesse der Evolution nicht mit exakten Jahreszahlen zu belegen. Angeben läßt sich nur der ungefähre Zeitraum für diese epochemachende Entwicklung: Vor etwas mehr als zehn Jahrtausenden gab es die ersten Kulturpflanzen im Westen Asiens.

Seltsamerweise wurde der Ackerbau an verschiedenen Stellen der Welt unabhängig voneinander «erfunden». An mehreren Orten fielen Pflanzen mit großen Früchten, Samen oder Knollen den Menschen auf. Große Früchte mit viel Nährgewebe waren durch Mutationen entstanden, die unter anderem durch ultraviolette Strahlung ausgelöst wurden. Theoretisch ist die UV-Strahlung auf der Erdoberfläche dort am größten, wo die Entfernung zwischen Sonne und Erde am geringsten ist, also in den Tropen. Doch dort ist der Himmel häufig von Wolken bedeckt, die als UV-Filter wirken. In den wolkenarmen Subtropen kommt mehr ultraviolette Strahlung an der Erdoberfläche an, was auch die Mutationshäufigkeit ansteigen läßt. Allerdings liegen dort auch die Trockengebiete der Erde mit einer nur schütteren Vegetation. Dichter und artenreicher ist die Vegetation in den subtropischen Gebirgen, wo es einen regelmäßigen Wechsel zwischen wolkenarmen Perioden (und hoher Strahlung bzw. Mutationshäufigkeit) und Regenzeiten gibt.

Charakteristisch für die subtropischen Gebirge sind halboffene Gebüschlandschaften mit einzelnen höheren Gehölzen und anderen, eher waldoffenen Stellen. In der Regenzeit wachsen die Pflanzen, in der Trockenzeit reifen sie. In den Gehölzgruppen bildet sich ein Waldbinnenklima heraus; im Gebüsch werden kühle Luft und Feuchtigkeit gespeichert. Kühle und feuchte Luftströmungen gelangen von dort in die offeneren Landschaftsteile und sorgen für eine Stabilisierung der Standortbedingungen. Je stärker die Vegetation trocknet, desto anfälliger ist sie gegenüber natürlichen Bränden, die beispielsweise durch Blitzschlag ausgelöst werden können. Auf die Brände folgen Sukzessionen, in denen sich zuerst Kräuter, dann Sträucher, zuletzt Bäume ausbreiten – oder der nächste Brand setzt der Sukzession vorzeitig ein Ende. Mit jedem Brand kommt es auch zu einer Mineralisierung organischer Substanz, denn organische Substanz verbrennt, und die Mineralsalze bleiben auf den Brandflächen zurück. Sie dienen der nachfolgenden Vegetation als Mineraldünger.

Dies waren die natürlichen Bedingungen, unter denen sich diejenigen Pflanzen entwickelten, welche die Menschen zu Kulturpflanzen machten. Es war günstig, ihnen Dünger zur Verfügung zu stellen. Es war günstig, sie in einer halboffenen Landschaft wachsen zu lassen, in der mäßigende Luftströmungen aus Gehölzen, auch Feldgehölzen oder Hecken, über ein Offenland strichen. Es war günstig, die Saat vor einer Regenphase auszubringen, in der die Pflanzen wachsen konnten. Doch dann konnte man nur noch darauf hoffen, daß auf die Regenphase eine trockenere Zeit folgte, in der die Kulturpflanzen reiften und in der man anschließend ernten konnte: möglichst trockenes Erntegut, das sich besser lagern läßt als feuchtes.

Vor der Aussaat müssen Äcker für ein optimales Wachstum der Kulturpflanzen vorbereitet werden. Entweder müssen Wald und Gesträuch gerodet oder muß krautige Vegetation entfernt werden. So bekommt die Kulturpflanze optimale Lichteinwirkung, und sie kann sich ungehindert von anderen Gewächsen entwickeln. Aus ökologischer Sicht laufen nach der Aussaat auf einem Feld ähnliche Prozesse ab wie auf einer Lichtung, beispielsweise nach einem Brand: Die «normale» Sekundärsukzession vom Offenland zum Wald beginnt. Der wichtigste Unterschied zur natürlichen Sekundärsukzession ist, daß viele gleichartige Gewächse am Wachstumsprozeß beteiligt sind – die in Massen ausgesäte Kulturpflanze. Aus Sicht der Menschen ist sie während ihres Wachstums weiter in der Konkurrenz zu anderen Gewächsen zu bevorzugen. Das Unkraut soll so gut wie möglich bekämpft werden. Nahrungskonkurrenten des Menschen soll Einhalt geboten werden: Tiere, die eine auf dem Feld massenhaft vorhandene Nahrungsquelle attraktiv finden, werden bekämpft. Um Felder optimal vor Nahrungskonkurrenten zu schützen, müssen die Bauern in der Nähe ihrer Felder leben. Dies ist wohl einer der wichtigsten Gründe, warum Menschen seßhaft wurden und damit ihre ökologische Einbindung in Ökosysteme radikal änderten. Sie wurden von wandernden zu ortsfest ansässigen Lebewesen. Man erkennt: Aus kulturellen Gründen wurde ein Aspekt von Stabilität nach dem anderen geschaffen.

Die Sekundärsukzession von Unkraut auf dem Acker kann so lange andauern, bis die Kulturpflanze reif ist. Dann wird geerntet, und damit wird auch das Wachstum vieler Unkräuter beendet. In den Populationen der Unkräuter werden durch Selektion Individuen bevorzugt, die genauso lange wie die Kulturpflanzen zum Wachstum und zur Reife benötigen; ihre Samen werden anschließend mit dem Erntegut ausgebreitet.

Wird der Acker nach der Ernte gepflügt oder gehackt, werden solche Pflanzen im Keim zerstört, die sich im Zuge der Sekundärsukzession ausgebreitet hätten. Die Lockerung des Bodens läßt Luft und damit Sauerstoff in den Untergrund dringen; die Bodenorganismen werden versorgt, vermehren sich und setzen schneller Mineralstoffe frei: Dünger für die Kulturpflanzen des folgenden Jahres. In jedem Jahr beginnt die Sekundärsukzession auf dem Acker von neuem; es sind daher in jedem Jahr fast die gleichen Unkräuter auf dem Acker zu sehen, und es herrscht dort scheinbare Stabilität. Der Bauer verhindert sie freilich, weil er Fruchtwechsel betreibt. Hülsenfrüchte werden in den Fruchtwechsel einbezogen, damit sie über ihre Wurzelsymbionten, die Knöllchenbakterien, Stickstoff aus der Luft binden. Auf diese Weise werden nicht nur die Hülsenfrüchte, sondern der Standort insgesamt mit Stickstoffverbindungen versorgt; es kommt zu einer Gründüngung. Fruchtwechsel wird aber auch betrieben, damit sich die Nahrungskonkurrenten des Menschen nicht übermäßig stark ausdehnen. Häufig handelt es sich dabei um Lebewesen, die nur eine einzige Kulturpflanzenart befallen.

Wo immer der Ackerbau begonnen wurde, erwies er sich als eine sehr erfolgreiche Strategie, den Streß bei Nahrungsmangel zu überwinden. Pro Flächeneinheit konnten mehr Menschen mit Nahrung versorgt werden. Die Bevölkerung wuchs; erst nach etlicher Zeit wurden wieder Wachstumsgrenzen erreicht. Dann stand die Möglichkeit offen, daß ein Teil der Bevölkerung auswanderte und an anderer Stelle mit dem Ackerbau begann. Die Ausbreitung der Ackerbaus in andere Regionen wurde aber sicher genauso dadurch begünstigt, daß Menschen, die noch keine Bauern waren, die Vorteile der bäuerlichen Lebens- und Wirtschaftsweise erkannten und beschlossen, ihre Lebensweise umzustellen: Die Stabilität der Lebensbedingungen war einfach ein überaus attraktives Ziel. Das Getreide und andere Kulturpflanzen gelangten in schon entwickeltem Zustand in andere Regionen, wo man sie ebenfalls anbaute. Die vom Menschen induzierte Globalisierung von Lebensformen und Wirtschaft erhielt so einen ersten bedeutenden Schub; es begann die Ausbreitung bestimmter Tier- und Pflanzenarten über weite Teile der Erde.

Wenn man außerhalb des Herkunftsgebietes mit dem Anbau von Kulturpflanzen beginnt, müssen die Standortbedingungen der Ursprungsgebiete der Gewächse für einige Monate simuliert werden, für die Zeit nämlich, in der die Pflanzen heranwachsen und reifen. Im Umkreis der subtropischen Gebirge entstanden neue Ackerbaugebiete zunächst in den Flußniederungen. Weil es dort selten regnet, mußte man von Anfang an die Felder künstlich bewässern. Das Flußwasser wurde in den Niederungen entlang der Ströme, an Euphrat und Tigris, Indus und Nil, genau verteilt. Eine Administration wurde aufgebaut, die sich um die Verteilung des Wassers kümmerte. Der Aufbau von solchen Verwaltungszentren in Städten oder stadtartigen Siedlungen war offenbar eine der Keimzellen früher Staaten. Dort kam es zur Entwicklung der Schrift, weil Nachrichten und Befehle über lange Strecken an den Flüssen entlang weiterzureichen waren. Damit begann auch die historische Überlieferung. Die Bevölkerung an den Flüssen wuchs, und ihre Kultur blühte zur Hochkultur auf. Allerdings stellten sich bald ökologische Probleme ein, denn viele künstlich bewässerte Felder versalzten. Es wurden erste Kriege ums Wasser geführt, wie Schriftquellen berichten.

Nicht weniger aufwendig ist die Anlage von Siedlungen und Feldern in den Waldgebieten. Holz war eine viel wichtigere Ressource als heute. Es war überall der bedeutendste Bau- und Werkstoff. In den gemäßigten und kühlen Breiten der Erde war es ursprünglich das einzige verfügbare Heizmaterial. Holz nährte das Feuer auch zur Nahrungszubereitung. Durch das Erhitzen, das Kochen, Dünsten oder Braten wird Nahrung besser aufgeschlossen; sie reicht für mehr Menschen.

In den gemäßigten Breiten, vor allem in weiten Teilen Europas, Nordamerikas und Ostasiens, war während der Eiszeiten eine gewaltige Menge an Löß auf der Erdoberfläche niedergegangen, feiner Staub, der aus den vergletscherten Gebieten und den abgetrockneten Gletschervorfeldern vom Wind verweht worden war. In diesem Staub waren alle für das Wachstum von Pflanzen notwendigen Mineralstoffe vorhanden.

Auf den Lößböden ließen die Erträge auch bei langer landwirtschaftlicher Nutzung nicht erheblich nach. Die Böden auf vielen eiszeitlichen Moränen sind ebenfalls fruchtbar, reichlich mit vielerlei Mineralstoffen für Pflanzen versehen. Mineralstoffe fehlen aber in den ehemals von Gletschern bedeckten Regionen und auf den Steilhängen der Gebirge, wo feiner Löß zwar auch niederregnete, aber bald schon vom Regen abgespült war. Mineralstoffe sind auch in den Böden der Tropen Mangelware, denn bis dahin reichten die eiszeitlichen Staubstürme aus den vergletscherten Gebieten nicht. In tropischen Wäldern ist der Umsatz organischer Stoffe und von Mineralstoffen höher als in den Wäldern der gemäßigten Zonen; im Regenwald ist nahezu alle mineralische Substanz in den Organismen gespeichert. Die Böden tropischer Wälder sind daher unfruchtbar.

Während Bauern in den gemäßigten und nördlichen Breiten das Holz aus den Wäldern vor allem zum Heizen benötigten, brauchte man es in den Tropen vor allem zur Mineraldüngung der Böden. Dort verbrannte man das Holz; die für den Anbau von Kulturpflanzen notwendigen Mineralien blieben auf den Böden zurück. Auch in nördlichen Gebirgen und dort, wo das Eis das Land bedeckt hatte, brauchte man das Holz außer zum Heizen auch zum Düngen – dort war Ackerbau daher besonders aufwendig.

In den gemäßigten Breiten ließen sich die Standortbedingungen für den Ackerbau vorzüglich simulieren. An vielen Orten Westeuropas wird bereits seit mehreren Jahrtausenden erfolgreich Getreide angebaut, das ursprünglich von Gräsern aus dem Nahen Osten abstammt. Dies hängt sowohl mit der umfassenden Mineraldüngung der Standorte mit Löß während der Eiszeit als auch mit dem wintermilden Klima, das dem Golfstrom zu verdanken ist, und auch den sommerlichen Witterungsbedingungen zusammen: Optimal für das Wachstum von Getreide ist ein regenreicher Frühsommer, optimal für die Reifung und Ernte ein regenarmer Hochsommer. Diese Witterungsbedingungen gibt es nicht nur in Westeuropa häufig, sondern auch in anderen Regionen der gemäßigten Breiten. Weniger ideal für den Ackerbau sind die Tropen, und zwar auch wegen des dortigen Tageszeitenklimas. Der reichliche Regen läßt das Korn zwar gut wachsen, aber es gibt keine längere regenarme Periode für die Reifung von Getreide. Die Waldländer der gemäßigten Breiten und nicht die Waldländer der Tropen wurden zu den wichtigsten Ackerbauregionen der Erde.

Je höher die Zahl der Stellen auf der Erde wurde, an denen der Ackerbau einsetzte, desto mehr diverse Typen von Ackerstandorten entwickelten sich. In Abhängigkeit von ihnen wendete und wendet man jeweils spezielle Methoden der Bodenbearbeitung, der Ernte sowie der Lagerung von Korn an. Die unterschiedlichen Bodenbearbeitungsmethoden wirken auf die Zusammensetzung der Unkrautgemeinschaften ein. Je nach Standort und Erdgegend kommen andere Unkräuter zwischen den Getreidepflanzen in die Höhe. Mit dem Saatgut breiten etliche von ihnen sich ebenfalls aus, von Land zu Land, sogar von Kontinent zu Kontinent.

In den Waldländern konnte jahrtausendelang Ackerbau betrieben werden, ohne daß staatliche Strukturen für eine Zuteilung der Ressourcen und für den Handel zwischen Regionen des Überschusses und Regionen des Mangels frühzeitig notwendig wurden. Dies war hingegen in den Gebieten künstlicher Bewässerung und später auch in den Küstengebieten am Mittelmeer der Fall, wo die Schwankungen der Erträge des Kulturpflanzenanbaus witterungsbedingt hoch waren.

Die Einführung von Ackerbau hatte zahlreiche ökologische Konsequenzen, die bis heute gelten. Die genetische Konstitution der Kulturpflanzen und der Unkräuter veränderte sich in zunehmendem Maße. Natürliche Selektion wurde bei diesen Gewächsen weitgehend ausgeschaltet; für ihre weitere evolutive Entwicklung war vor allem menschlicher Einfluß entscheidend. Auch viele Tierarten stellten sich auf die veränderten Nahrungsmöglichkeiten ein; Tiere, die sich von Kulturpflanzen oder von gelagerten Vorräten ernähren, breiteten sich aus. Weil mehr Nahrung zur Verfügung stand, wurden die menschlichen Populationen größer. Die Zerkleinerung der Bodenpartikel vor der Aussaat und die fehlende Bodenbedeckung auf den Feldern in den Wochen danach fördert die Bodenerosion. Fruchtbare Ackerkrume wird abgetragen, wenn insbesondere auf Abhängen starker Regen auf den bloßen Ackerboden trifft. Dies ist ein besonderes Problem in den mediterranen Ökosystemen der Erde, denn das dortige Klima ist von langen

Trockenperioden geprägt, in denen der Boden aufreißt; bei Starkregenfällen danach wird der Boden abgetragen. Rings um das Mittelmeer sind Steillagen weit verbreitet, denn hohe Gebirge reichen bis ans Ufer des Meeres heran, und günstige Ackerbaugebiete sind fast ausschließlich die kleinen Küstenebenen, die sich auf den Deltas der Flüsse entwickelten. Von ihnen aus dehnte man den Ackerbau soweit wie möglich auf die Steillagen aus – und wurde beim nächsten Starkregen bestraft.

Insgesamt ist der Wasserabfluß aus einem Agrargebiet ungleichmäßiger als aus Wald, denn im Wald wird nach dem Niederschlag ein großer Teil des Wassers zunächst gespeichert und dann erst allmählich an die Fließgewässer abgegeben. Vom Ackerland weg fließt das Wasser nach Regen rascher in die Bäche und Flüsse, und in Trockenphasen trocknet das offene Land schneller aus als das Waldland. Ist das Agrarland von Wäldern durchsetzt, werden die Folgen von Trockenheit abgemildert. In einem Waldland wird viel Wasser an die Atmosphäre abgegeben, so daß sich über Wald mehr Wolken bilden. Daher regnet es in einem Waldland mehr als in einem reinen Agrarland ohne Wald. Für die Niederschlagsbedingungen ist die Bewahrung eines Mosaiks aus Äckern und Feldgehölzen oder Wäldern günstig.

Zwischen den einzelnen genutzten Parzellen entstehen immer dann, wenn Ackerbau betrieben wird, scharfe Grenzen. Sie sind auch für die Außengrenzen der Nutzungsräume charakteristisch, beispielsweise für den Übergang zwischen Feld und Wald. Scharfe Waldränder bilden sich natürlicherweise nur dort, wo die Zerstörung von Wald bis an ihn heranreicht. Der Wald breitet sich aber anschließend wieder ins Offenland aus. Wenn diese Sekundärsukzession des Waldes durch Pflügen, Hacken und Mähen immer wieder abgebrochen wird, bleibt der scharfe Waldrand auf Dauer bestehen. Heute ist der scharfe Waldrand in jeder Agrarlandschaft die Regel, er ist aber kein Merkmal von Natur.

Ackerbau ist heute nicht mehr so stark von den Bedingungen am Standort abhängig wie in früheren Zeiten. Heute steht Mineraldünger zur Verfügung, heute kann Korn getrocknet werden, wenn es nicht gelingt, es trocken einzufahren. Aber insgesamt hat Ackerbau noch immer die gleichen Auswirkungen wie vor Jahrtausenden: Er stabilisiert die Lebensbedingungen der Menschen. Durch Selektion werden auf den

Äckern andere Typen von Pflanzen und Tieren bevorzugt als unter natürlichen Verhältnissen, die Standortbedingungen sind erheblich verändert.

Der Übergang zum Ackerbau war eine der folgenreichsten Entscheidungen der Menschheit, ein kulturelles Wagnis. Er war der Nährboden der Kultur, mit ihm wurde es möglich, sich der natürlichen Dynamik zu widersetzen. Immer wieder neue Grenzen des Wachstums für die Populationen des Menschen wurden durch die Ausweitung der Lebensräume wie durch neue Ackerbaumethoden überwunden, durch neue Kulturpflanzen, Agrartechnik, Pflanzenzüchtung, genetische Manipulation sowie neue Formen der Düngung.

Ackerbau wird auch in Zukunft stets als kulturelle Leistung bewertet werden müssen. Es wird mehr und mehr darauf ankommen, ihn so zu betreiben, daß die Ressourcen soweit wie möglich erhalten bleiben (konstant erhalten bleiben sie nie – das wäre gegen die Gesetze der Ökologie) und daß ein immer größerer Teil der menschlichen Bevölkerung auf der Erde sein tägliches Brot erhält. Das ist ein ethischer, religiöser, ökonomischer und kultureller Aufruf und ein Eintreten für eine Entwicklung der Menschheit in Nachhaltigkeit.

Kapitel 12 *Viehhaltung*

In den meisten traditionellen bäuerlichen Betrieben wird nicht nur Ackerbau betrieben, sondern auch Vieh gehalten. Bei der Viehhaltung ist die Nahrungskette von den Pflanzen zu den Menschen länger als beim Ackerbau, der direkten Nutzung von Pflanzen durch den Menschen. Pflanzenfressende Tiere können in Symbiose mit Mikroorganismen, die über zellulosezerlegende Enzyme verfügen, Pflanzenteile mit hohen Gehalten an Zellulose wie Blätter und Stengel als Nahrungsquelle nutzen. Über den «Umweg» des Tieres und seiner Symbionten kann der Mensch sich auf diese Weise auch die Primärproduktion von Flächen nutzbar machen, auf denen er keine Kulturpflanzen anbaut.

Menschen verändern durch Tierzüchtung genetische und phänologische Eigenschaften der Tierarten nicht nach den Bedingungen der natürlichen Selektion, sondern nach eigenen Interessen. Während unter den Bedingungen der natürlichen Selektion die Rinder überleben, die über Eigenschaften verfügen, mit denen sie ihren Feinden entkommen können, ist es den Menschen wichtig, Rinder zu selektieren, die viel Milch geben und viel Fleisch ansetzen. Diese Tiere würden aber leicht Opfer von Bären, Wölfen oder anderen fleischfressenden Tieren; deshalb müssen die Menschen sie besonders schützen.

Am Beginn der Viehhaltung stand möglicherweise die Absicht der Menschen, Jungtiere vor «bösen» Raubtieren zu bewahren. Vor allem zu jungen (Säuge-)Tieren entwickeln Menschen schnell eine emotionale Bindung. Nahmen Menschen Jungtiere bei sich auf, versorgten und schützten sie, konnten mehr Tiere überleben als in der freien Wildbahn. Die Menschen nahmen sich vor allem der Wiederkäuer an. Im Vorderen Orient waren dies Rinder, Schafe und Ziegen. Wenn man sie von Getreidefeldern fernhielt, waren sie keine Nahrungskonkurrenten des Menschen. Und sie waren in vieler Hinsicht nützlich: Man brauchte nicht nur ihr Fleisch, sondern auch Milch, Wolle und Felle oder Leder. Zu einem weiteren Haustier wurde das Schwein. Es ist eher ein Nahrungskonkurrent der Menschen, frißt aber auch Insektenpuppen, bittere Eicheln und zahlreiche Abfälle, die für Menschen ungenießbar sind.

In Regionen, in denen Trocken- oder Kältephasen nicht allzu lange andauern, kann Vieh das ganze Jahr über am gleichen Ort im Freien gehalten werden. Unter einfachsten Bedingungen der Viehhaltung wurden und werden die Tiere von den Gehöften aus in die Umgebung getrieben. Dort muß entweder ein Hirte auf sie aufpassen und verhindern, daß sie sich verlaufen oder daß sie das Opfer von Raubtieren werden; oder die Weidefläche muß eingezäunt sein.

Die Tiere betreiben eine Selektion von Futterpflanzen und verändern auf diese Weise die Zusammensetzung von Ökosystemen. Gefressen werden vor allem Gewächse ohne Stacheln oder Dornen und ohne sekundäre Inhaltsstoffe, Pflanzen also, die keine Gifte oder bitter schmeckende Substanzen enthalten. Junge Pflanzen werden eher abgerupft als alte, denn der Zellulosegehalt junger Triebe ist geringer. Die Tiere können die in den jungen Zellen enthaltene Stärke, das dort reichlich vorhandene Eiweiß und das Fett direkt nutzen, ohne es zunächst von ihren Symbionten im Pansen aufbereiten zu lassen. Gewächse, die nach dem Abfressen schnell wieder austreiben, gewinnen auf einer Viehweide rasch die Oberhand. Und auch die Pflanzen mit Dornen und Stacheln, mit giftigen oder bitteren Inhaltsstoffen werden häufiger, denn sie werden vor allem von Schafen und Rindern selten gefressen; Ziegen und Esel verschmähen stachelige oder dornige Triebe weniger.

Im Herkunftsgebiet des Ackerbaus kamen die ersten Haustiere auch wild vor, sie grasten dort in den Buschländern, in offenen Lichtungen und im stärker geschlossenen Gehölz. Dort fraßen sie auch die Blätter von den Büschen und Bäumen ab. Bäume und Büsche bekamen eine sogenannte «Fraßkante»; alle Blätter und dünnen Zweige, die von den Tieren erreicht werden konnten, wurden abgerissen.

In Gegenden mit dichteren Wäldern wurden die Tiere, als das Bauerntum sich dorthin ausbreitete, zunächst einfach in die Gehölze getrieben. Die beweideten Wälder wurden mit der Zeit lichter, denn die Tiere fraßen außer Gras und Kräutern die unteren Äste der Bäume ab, nagten an den Stämmen oder rieben sich daran, so daß einzelne Bäume abstarben. Sie ließen nur wenig junges Gehölz aufkommen. Die Kronen der wenigen Bäume in beweideten Wäldern hatten viel Platz, sie konnten sich ungehindert in die Breite ausdehnen.

Wo der Boden fruchtbar war, schafften es die Wälder leichter, sich nach dem Tierfraß wieder zu schließen; auf armen Böden aber stand nach lange dauernder Beweidung kaum noch ein Baum oder ein Strauch. So bildeten sich im Lauf der Zeit aus ehemaligen Wäldern die Buschländer am Mittelmeer, die Garrigue und die Macchia, es entstanden die offenen Graslandheiden der mitteleuropäischen Kalkgebirge und die Zwergstrauchheide Westeuropas. Besonders schnell entwickelten sich der Busch- und Heidecharakter dieser Ländereien, wenn die Bäume gerodet wurden, bevor man das Vieh auf die Fläche ließ, wenn man viele Ziegen mit in die Herden gab oder wenn man vor der Beweidung das Land abbrannte. Je nach angewendeter Methode der Landbewirtschaftung, je nach Region der Erde, je nach den Tieren, die man auf den Flächen weiden läßt, entwickelt sich die Vegetation unterschiedlich. Denn auch dann, wenn nur kleine Abweichungen der ökologischen Parameter auftreten, verändern sich die Standorte insgesamt und damit die Bedingungen von intra- und interspezifischer Konkurrenz, des Wettbewerbs innerhalb der einzelnen Arten und zwischen den Arten von Pflanzen auf der Viehweide.

Früher ließ man die Tiere in Brachephasen zeitweilig auf dem Akkerland weiden. Vielerorts stellte man (mancherorts heute noch) mobile Pferche auf das Ackerland, in denen die Tiere Nacht für Nacht auf einer anderen Fläche dicht zusammengedrängt stehen oder liegen. Sie fressen dann nicht nur Unkraut und noch vorhandene Reste von Kulturpflanzen, sondern düngen auch das Land.

Die Gewinnung von Dünger erfolgt traditionellerweise meistens im Stall. Der Stall ist nicht nur ein Ort, an dem die Tiere vor kalter Witterung geschützt werden und in dem sie im Winter etwas Wärme für die Hausbewohner verbreiten; in ihm wird auch Dung gesammelt. Der entweder im Stall oder vor dem Stall angehäufte Mist wird im Frühjahr auf den Feldern ausgebreitet. Dung enthält reichlich Phosphat und Nitrat, Stoffe also, die Pflanzen zum Wachstum brauchen. Mit Mist gedüngte Pflanzen wachsen daher schneller. Die Düngung der Pflanzen geht nicht von den organischen Resten im Mist aus, wie häufig vermutet wird, denn organische Bestandteile werden von den Pflanzen nicht aufgenommen. Sie dienen den Bodentieren als Nahrung, die sich dank der Düngung besser und zahlreicher entwickeln können. Diese kleinen Tiere lockern den Boden und erschließen weitere Mineralstoffe aus dem verwitterten Gestein im Untergrund. Bei der Zersetzung von organischer Substanz entsteht Säure, die Tonminerale aus Gesteinsresten im Boden herauslöst, so daß sie Pflanzen zur Verfügung stehen.

Für die Phase der Aufstallung müssen Bauern vorsorgen und im Sommer Heu zubereiten, das aus getrocknetem Pflanzenmaterial besteht. Ursprünglich war es nicht üblich, Heu auf Wiesen zu machen, Winterfutter also aus Gras und Kräutern herzustellen. Wiesen sind eine relativ junge «Erfindung» der Bauern. Unmittelbar verfügbar als Quelle von Heu waren vielmehr belaubte Zweige. Man schnitt sie im Frühjahr, wenn das Laub ausgetrieben hatte, trocknete die Zweige im Sommer und verwendete sie als Laubheu zur Viehfütterung im Winter. Diese Form der Heubereitung ist heute in den Hintergrund getreten, kann aber an abgelegenen Orten noch beobachtet werden. Einige Baumarten sind für die Gewinnung von Laubheu besonders gut geeignet. Trockenes Eichenlaub wurde wegen seines Gehaltes an Gerbstoffen von den Tieren nicht gerne gefressen. Besseres Laubheu stammte von Ulmen, Linden, Eschen, Birken und Hainbuchen.

In Gebieten mit einer länger andauernden Trocken- oder Kältezeit, in der nur kurze Zeit Futterpflanzen zur Verfügung stehen, wird Vieh auf eine andere Weise gehalten. Dort kann Transhumanz eine günstigere Lebens- und Wirtschaftsweise sein. Voraussetzung dafür ist, daß mehrere nicht allzu weit auseinanderliegende Weidegründe im Jahreslauf in einer festen Reihenfolge aufgesucht werden können. Transhumanz wird meist im Inneren der Kontinente betrieben, vor allem in Gebirgsregionen. Im Sommer besteht dort in Hochlagen ein reichliches Nahrungsangebot für das Vieh; im Winter bedeckt hoher Schnee die Weidegründe. Vor dem ersten Schneefall bringt man die Tiere ins Tiefland, in die Steppen, Täler oder Küstenregionen. Entweder finden sie dort Nahrung im Freien, oder man hält sie den Winter über im Stall. Im Frühjahr werden sie wieder ins Gebirge getrieben, denn dann gibt es in den trockenen Niederungen zu wenig Futter für sie. Charakteristisch für die

Transhumanz ist aus ökologischer Sicht, daß sie immer wieder zwischen den gleichen Sommer- und Winterweiden stattfindet, an denen in der Regel feste, von ihren Bewohnern nur zeitweise bewohnte Siedlungen liegen, und daß sie mit dem Ackerbau kombinierbar ist. Eine Form der Transhumanz ist zum Beispiel die Alm- oder Alpwirtschaft in den Alpen, die schon seit Jahrtausenden derart charakteristisch für dieses Gebirge ist, daß man das Gebirge möglicherweise nach der Wirtschaftsform benannte: Auf jedem Berg liegt eine Alm, Alp oder Alpe, alle zusammen sind sie «die Alpen». Transhumanz gibt es auch in den Tropen; die Hirten und ihre Herden ziehen im jahreszeitlichen Rhythmus immer dorthin, wo gerade Regenzeit ist und das Gras wächst.

In Gegenden mit schlecht kalkulierbaren Umweltbedingungen, in den Trockengebieten, in denen es nur selten und unregelmäßig zu Regenfällen kommt, ist der Nomadismus die typische Form der Tierhaltung. Nomaden sind sehr mobil; sie ziehen mit ihren Tieren nicht auf festen Wanderbahnen, sondern immer dorthin, wo es geregnet hat. Nomaden waren ursprünglich meist Reitervölker. Auf Pferden und Kamelen treiben sie ihre Herden schnell vor sich her, denn es kommt in den von ihnen genutzten Ökosystemen darauf an, schnell das Gebiet zu erreichen, in dem es kürzlich Regen gab. Dort keimen und wachsen möglicherweise nur für wenige Tage Pflanzen, die als Nahrung für die Tiere geeignet sind.

Nomaden haben keine festen Wohnsitze. Sie schlagen ihre Zelte dort auf, wo sie für ihr Vieh einen Weideplatz gefunden haben. Mit ihrer mobilen Lebensweise ist Ackerbau nicht vereinbar. Nomaden und Ackerbauern haben stets nur lockeren Kontakt miteinander. Der Nomadismus ähnelt in mancher Hinsicht der Lebensform von Jägern und Sammlern, unterscheidet sich aber in einem wichtigen Aspekt davon: Nomaden besitzen Tiere und treiben sie von Weidegrund zu Weidegrund, Jäger aber nicht.

Weit über das Land ziehendes Vieh trägt zwischen den Hufen und im Fell Saatgut von zahlreichen Pflanzenarten mit sich. Viele Früchte und Samen werden generell von Tieren verbreitet, die zwischen reifen Pflanzen herumstreifen. Dabei bleiben winzige Widerhaken der Früchte im Fell hängen, die von der Pflanze abreißen, wenn das Tier weiterzieht. Widerhaken befinden sich an den Grannen und Spelzen vieler Gräser, an Kletten, Odermennig und Sanikel. Die Früchte fallen entweder irgendwo zu Boden, oder die Tiere streifen sie ab, wenn sie sich an feuchten Orten suhlen oder wälzen. Diese Stellen sind ideale Keimbetten für Samen; Jungpflanzen wachsen rasch in die Höhe, wenn die Tiere nicht zu häufig wiederkommen, um sich erneut zu wälzen. Auch einige Kleintierarten werden vom Vieh verbreitet. Insekten, Larven, Puppen oder Eier nisten sich außen an den Tieren ein und werden über Land getragen. Auch in den inneren Organen des Viehs werden Parasiten von Ort zu Ort verbreitet.

Wälder wurden durch Viehhaltung besonders dort zurückgedrängt, wo die Bedingungen für das Wachstum von Holzgewächsen an Grenzen stießen. Im Hochgebirge verschob sich die Waldgrenze durch Weidewirtschaft talwärts. In den Tropen und Subtropen schrumpft der Wald von seinen Rändern her; Savannen und Wüsten weiten sich daher aus. In den Übergangszonen zwischen den feuchten Tropen und den Trokkengebieten nimmt die Niederschlagshäufigkeit dadurch ab. Überweidung ist offensichtlich eine wichtige Ursache für die enormen Dürreprobleme in der Sahelzone Afrikas, am Südrand der Sahara.

Viehhaltung führt zur Bodenerosion, vor allem in Steillagen. Das Weidevieh tritt dort Pfade aus, die dicht nebeneinander hangparallel verlaufen, sogenannte Viehgangeln. In den Trittspuren wird die Vegetation zerstört. Bei der Schneeschmelze und nach Regenfällen sammelt sich Wasser in den Spuren, rinnt in ihnen zu Tal und reißt loses Erdmaterial mit sich.

Rinder, Schafe und Ziegen brauchen Lagerplätze zum Ruhen, zum Wiederkäuen. Sie bevorzugen dafür Plätze im Schatten, unter ausladenden Bäumen. Unter diesen Bäumen sammelt sich Kot, dessen mineralische Bestandteile bestimmte Pflanzen besonders gut wachsen lassen: Brennesseln, Ampfer, Beifuß, auch Eisenhut und Kratzdisteln. Sie kommen auch dort vor, wo das Vieh gemolken und gefüttert wird, sowie an den Misthaufen. Besonders auffällig ist diese Vegetation am Rand von Almen; man nennt sie dort Lägerflur. Blauer Eisenhut, Alpenampfer und Germer sind charakteristische Gewächse der Lägerfluren im Hochgebirge.

Besonders in den gemäßigten Breiten, wo Ackerbau und Viehhaltung nebeneinander betrieben werden, hat sich eine charakteristische Lage der dörflichen Siedlung als besonders zweckmäßig herausgestellt, die sogenannte Ökotopengrenzlage. Die Bauernhöfe liegen am halben Hang der Täler, nicht zu weit vom Wasser entfernt, aber auch nicht direkt am Wasser. Zwischen Wasser und Siedlung weidet das Vieh. Es kann von oben beaufsichtigt werden. Der Blick des Viehhalters auf seine Tiere ist damit ein ähnlicher wie derjenige des Jägers auf seine Beute. Vom Stall aus kann Gülle in Wassergräben direkt auf die Viehweiden geleitet werden, so daß das Weideland gedüngt wird. Auf der anderen Seite der Siedlung, auf den weniger geneigten oder ebenen Flächen, liegen die Äcker. Äcker und Viehweiden sind von den Dörfern aus rasch zu erreichen.

Diese Gliederung der landwirtschaftlichen Flächen besteht vor allem deshalb, weil auf ebenen Flächen der Löß und anderes feines Sediment, das dort in der Eiszeit abgelagert worden war, vorhanden ist. In den Tälern und an den Talhängen wurden die feinen und fruchtbaren Ablagerungen dagegen abgespült, als das Wasser die Täler formte. An den Talflanken ist daher der Boden weniger fruchtbar als auf den ebenen Flächen zwischen den Tälern. Außerdem lassen sich die Ackerflächen auf Löß und anderem feinem Sediment mit geringerem Geräteverschleiß bearbeiten, denn dort ist der Boden weniger steinig als an den Talflanken, wo häufig festes Gestein an die Oberfläche tritt.

Kapitel 13 *Angestrebte und erreichte Stabilität*

Seitdem Menschen als Bauern ihre Umwelt nutzen, kann es ihnen gelingen, für einen Zeitraum von einigen Jahren in relativ großer Stabilität zu leben. Nicht in jedem Jahr sind die Witterungsbedingungen gleich günstig für das Wachstum, die Ernte und die Lagerung der Pflanzen sowie für das Gedeihen des Viehs. Von Zeit zu Zeit vermehren sich Nahrungskonkurrenten des Menschen massenhaft, die «Schädlinge». In einigen Jahren sind dies kleine Tiere (zum Beispiel der Erbsenkäfer, die Wanderheuschrecke, der Kartoffelkäfer oder die Zecke), in anderen Jahren Pilze (zum Beispiel der Getreiderost), in wieder anderen die Mäuse. Diese «Schädlinge» bleiben nicht auf Dauer Plagegeister der Menschen; sie werden durch natürliche Feinde wieder dezimiert.

Die Menschen versuchen immer wieder, die Methoden der Bewirtschaftung des Bodens so auszurichten, daß die Bedingungen in den von ihnen beeinflußten Ökosystemen so gleichmäßig wie möglich sind, damit ihre eigenen Lebensbedingungen stabilisiert werden; doch ist dies niemals vollständig zu erreichen. Selbst unsere heutige hochtechnisierte Landwirtschaft ist nicht in der Lage, in jedem Jahr die gleichen Erträge zu erzielen.

In einfach organisierten, traditionellen Agrargesellschaften führen günstige landwirtschaftliche Erträge zum Wachstum der menschlichen Populationen, ungünstige Erträge zu Hungersnöten und damit zu Bevölkerungsschwund. In einer bäuerlichen Siedlung ist die Stabilität größer, wenn nicht nur eine einzige Kulturpflanze angebaut wird. Nicht jede Getreideart wird in gleicher Weise von den Nahrungskonkurrenten des Menschen, den «Schädlingen», genutzt oder, anders ausgedrückt, befallen. Ein besonderer Vorteil des Anbaus von mehreren Getreidearten liegt in deren unterschiedlichen Entwicklungszeiten: Sie reifen nicht alle zur gleichen Zeit. Sind die Erntebedingungen für die eine Getreideart ungünstig, weil es gerade zur Reifezeit regnet oder man aus anderen Gründen die Ernte mit Verlusten einbringen muß, kann man noch hoffen, daß die Erntebedingungen bei einer später reifenden Getreideart besser sind. Wenn zusätzlich Hülsen- und Ölfrüchte, beispielsweise Erbsen und Lein, angebaut werden, läßt sich die Nahrung bei Bedarf auf eiweißreichere oder fettreichere Kost umstellen. Bei einer Kombination von Ackerbau mit Viehhaltung besteht auch die Möglichkeit, in dem einen Jahr mehr pflanzliche, im nächsten mehr tierische Nahrung zu verbrauchen – je nach Angebot. In Jahren der Not kann man ferner hoffen, über Jagd, Fischfang und das Sammeln von Früchten und Fruchtkörpern der Pilze einen Mangel an Nahrung zu kompensieren. Doch alle diese Maßnahmen stabilisieren die Population der Menschen, die in einer Siedlung zusammenleben, nicht auf Dauer. Man muß dem Mangel begegnen, sonst besteht die Gefahr, daß irgendwann unüberbrückbare Not eintritt.

In einer traditionellen geschlossenen Siedlungsgemeinschaft von Menschen besteht außerdem die Gefahr, daß zu wenig Holz zur Verfügung steht. Wo die Böden rasch ausgelaugt sind, vor allem in den Tropen, mangelt es nach etlichen Jahren Bewirtschaftung an Mineralstoffen im Boden. Dünger muß dort durch das Verbrennen von Holz zu Asche gewonnen werden. In Weltgegenden, in denen die Böden fruchtbar sind, das Klima es aber erfordert, lange Zeit im Jahr zu heizen, kann es zum Mangel am Brennstoff Holz kommen. Dies war in früheren Jahrtausenden in weiten Teilen von Europa, Asien und Nordamerika ein Problem. Besonders prekär wurde der Mangel, wenn Holz auch zur Ausbesserung oder zum Neubau von Häusern und Hütten gebraucht wurde.

Es gibt mehrere Möglichkeiten, mit diesen elementaren ökologischen Problemen des Mangels fertig zu werden. Abgesehen davon, daß eine neue Bewirtschaftungstechnik Abhilfe schaffen würde: Man kann Nahrungsüberschüsse aus einem günstigen Jahr lagern, um sie in einem ungünstigen Jahr zu verbrauchen. Man kann auch versuchen, die Gehölze gleichmäßig zu bewirtschaften, hat aber vor allem dann Schwierigkeiten, den Versorgungsengpaß zu überbrücken, wenn größere Mengen an Holz gebraucht werden. Weil aber in den günstigen Jahren vor allem die Erleichterung besteht, endlich genug Nahrung für alle zu haben, wird es kaum möglich sein, unter den Bedingungen primitiver Ackerbaukultur Vorräte in nennenswerten Mengen anzuhäufen.

Eine zweite Möglichkeit, mit der Krise fertig zu werden, besteht darin, die Siedlung und ihre Wirtschaftsflächen zu verlagern. Dies geschieht heute noch in vielen tropischen Ökosystemen. Wanderfeldbau betreibende menschliche Populationen ziehen nach wenigen Jahren Aufenthalt an einem Ort im Dschungel weiter. Jahrtausendelang gab es auch in weiten Teilen der gemäßigten Zonen eine Form der Besiedlung, die dem heutigen Wanderfeldbau in den Tropen in mancher Hinsicht geähnelt haben mag. Die Siedlungen bestanden vielleicht etwas länger als bei traditionell lebenden Gemeinschaften in den Tropen. Sie wurden aber dann auch verlagert, mutmaßlich weil es an Holz für den Bau von Hütten fehlte. Man zog ein Stück weiter in den Wald, wo noch Bauholz verfügbar war, rodete eine neue Parzelle Waldland und etablierte dort den Ackerbau; die alte Fläche gab man auf.

Die dritte Möglichkeit, den Mangel auszugleichen, geht von festen Handelsbeziehungen aus. Jede Siedlung speist in Jahren des Überflusses Waren in die Handelsnetze ein und vertraut darauf, in Jahren des Mangels Überschüsse von anderen Orten über die wirtschaftlichen Netzwerke zu erhalten. Der Aufbau der Ökonomie, die auch mit einem System der Vorratshaltung kombiniert werden kann, gleicht Unregelmäßigkeiten der ökologischen Bedingungen aus.

Der Aufbau von Handelsnetzen war und ist kompliziert, und dennoch überzog er die Erde jahrtausendelang unaufhaltsam – mit einschneidenden ökologischen Folgen. Handelsnetze erforderten die Anlage von Handelswegen. Sie mußten geschützt werden. Verteilungszentren hatten zu entstehen, an denen gehandelt und der Strom der Güter neu kombiniert wurde. Um alles dies zu leisten, war der Aufbau einer Administration erforderlich, die der entsprach, die an den großen Strömen der Welt die Verteilung des Wassers für die künstliche Bewässerung der Felder organisierte.

Vor allem ausgehend von den Flüssen des Orients in den Okzident breiteten sich Verwaltung, Staat und Ökonomie aus, zunächst ins Mittelmeergebiet, später über andere Teile Europas, von dort über die anderen Kontinente, in denen aber zum Teil ähnliche staatliche Strukturen indigen entstanden waren. Insgesamt verlief die Ausbreitung von staatlichen und ökonomischen Strukturen viel langsamer als die von Ackerbau und Viehhaltung. Landwirtschaft konnte in vielen Regionen der Erde jahrtausendelang bestehen, ohne daß es Handels- und Verwaltungsnetze gab.

Der Aufbau der Handelsnetze war unter anderem deshalb so kompliziert, weil die Menschen, die in stabilen Siedlungsstrukturen lebten und von den Handelsnetzen erreicht wurden, nicht verstanden, warum andere Gruppen von Menschen nach Jahren oder Jahrzehnten ihre Wohnplätze und Wirtschaftsareale verließen, um weiterzuziehen und neues Land zu bearbeiten. In den festen Siedlungsstrukturen, in denen man die Schrift nutzte und in eine sogenannte Hochkultur integriert war, hielt man die «wandernden Völker» für Horden unzivilisierter «Wilder». Wanderungen von einem Ort zum anderen störten die Handelsnetze, weil sie nur feste Orte einbeziehen konnten.

Die «wandernden Völker» beneideten den Wohlstand in den festen Siedlungs- und Wirtschaftsstrukturen. Sie überfielen sie und raubten sie aus. Beide Systeme mit ihren unterschiedlichen Lebens- und Wirtschaftsformen konnten und können nicht nebeneinander bestehen. Weil aber der Wohlstand und die Zahl der Menschen, die an einem bestimmten Ort ernährt werden konnten, mit der Einführung der Handelsnetze zunahmen, wuchs die von Wirtschaftsnetzen erreichte Landfläche und Bevölkerungsmenge jahrtausendelang an. Dabei waren zum Teil lange Übergangsfristen zu bewältigen, die in weiten Teilen Europas die Römerzeit und das Mittelalter umfaßten, die im Inneren der Kontinente Afrika und Südamerika jedoch mancherorts bis heute nicht abgeschlossen sind.

Wanderfeldbau und ähnliche Wirtschaftsformen auf der einen, feste Siedlungs- und Bewirtschaftungsstrukturen auf der anderen Seite hatten und haben unterschiedliche Konsequenzen für die Entwicklung der Ökosysteme. Wenn Siedlungs- und Ackerflächen nach Jahren oder Jahrzehnten aufgegeben werden und die Beweidung aufhört, laufen ungestörte Sekundärsukzessionen ab, die schließlich dazu führen, daß Bäume emporwachsen und Wälder sich wieder schließen. Dieser Vorgang ist demjenigen vergleichbar, der nach der natürlichen Zerstörung einer Waldparzelle durch das Zusammenstürzen eines alten Baumes oder durch einen Waldbrand abläuft. Aber es gibt Unterschiede: In der Zeit der Besiedlung und der Bewirtschaftung ist es auf der sich wieder schließenden Waldparzelle zu mancherlei Veränderungen gekommen. Die Böden sind durch Entzug oder Akkumulation von Mineralstoffen verändert, und sie haben durch Bodenbearbeitung ein neues Gefüge erhalten; Wasser fließt auf andere Weise ab. Die Sekundärsukzessionen können daher in andere Richtungen verlaufen als nach der natürlichen Zerstörung einer Waldparzelle. Sie führen nicht wieder zwingend zu demjenigen Vegetationsbestand zurück, der vor der Rodung des Landes bestanden hatte.

Daß sich die Vegetation unter dem Einfluß von Rodung, agrarischer Bewirtschaftung und anschließender Sekundärsukzession tatsächlich veränderte, zeigen Pollendiagramme aus vielen Teilen Europas. Zu den Zeiten, in denen die Landwirtschaft betreibenden Siedlungen nicht in Handelsnetze integriert waren und Phasen des (Holz-)Mangels nur durch Verlagerung der Siedlungen überwunden werden konnten, breitete sich die Buche aus. Ursprünglich waren Eichen- und andere Laubholzwälder für Siedlungsplätze gerodet worden. Als die Flächen verlassen waren und Sekundärsukzessionen einsetzten, kamen zunächst Büsche und Pioniergehölze wie die Birke auf, später dann auch die Eiche. Zwischen den jungen Eichen konnten sich offenbar auch Buchen etablieren. Dies mag dadurch begünstigt worden sein, daß Tiere die wie Kletten an ihrem Fell hängenbleibenden Bucheckern auf die Lichtungen eingeschleppt hatten. Die Buchen konnten sich gegen die jungen, noch nicht ausgewachsenen Eichen durchsetzen. Sie breiteten sich auf diese Weise viel schneller aus, als dies in geschlossenen Eichenwäldern in der Konkurrenz zu ausgewachsenen Bäumen möglich gewesen wäre – und genau diese geschlossenen Eichenwälder hätten Mitteleuropa überzogen, wären nicht von Zeit zu Zeit Lichtungen in sie geschlagen worden. Die Buchen breiteten sich so lange aus, bis die betreffenden Regionen von den Handelsnetzen erreicht waren und feste Siedlungen entstanden.

Zwei wichtige Merkmale menschlicher Beeinflussung von Ökosystemen treten hier deutlich hervor: Beim Wanderfeldbau und anderen «zyklischen» Landnutzungssystemen herrscht keine «nachhaltige Kreislaufwirtschaft». Und: Wenn menschliche Nutzung an einem bestimmten Ort aufgegeben wird, stellt sich nicht unbedingt wieder die ehemalige Vegetation ein. Entstehen im Verlauf menschlicher Nutzung temporäre Freiflächen, führt dies auf jeden Fall zu einer Beschleunigung der Veränderung von Ökosystemen.

Sind feste wirtschaftliche Strukturen etabliert, Straßen gebaut sowie Stützpunkte der Stabilität errichtet und funktioniert der Austausch von Waren in Zeiten des Mangels, kommt es kaum noch zu Sekundärsukzessionen; die weitere Ausbreitung der Buche auf die oben beschriebene Weise ist dann nicht mehr möglich. «Ungünstige Naturkonstellationen», in denen Mangel auftritt, die in Wirklichkeit aber Ausdruck des natürlichen Wandels sind, werden dann durch wirtschaftliche Beziehungen überwunden.

Zu den Zentren von Handel und Administration wurden die Städte, die sich in ihrer Lage grundsätzlich von ländlichen Siedlungen unterscheiden. Städtische Siedlungen befinden sich dort, wo Energie genutzt werden kann, wo sich also etwa eine Mühle an einem Fluß errichten läßt. Mit dem Fluß kommt Wasser als wichtiges Versorgungsgut in die Stadt. Wasser reinigt die Stadt. Dabei und durch Einleitung von Abwasser wird es verunreinigt. Gewässerverunreinigung ist ein Problem, seitdem es Städte gibt.

In Städten lebten und leben Menschen in großer Zahl auf engem Raum zusammen. Aus ökologischer Sicht heißt das: Güter werden auf engstem Raum in großer Menge benötigt. Abfälle jeglicher Art treten kulminiert auf, das Problem der Beseitigung von Abfällen muß gelöst werden. Nicht nur das Wasser wird verunreinigt, auch die Luft, die Erdoberfläche, der Boden. Die Probleme der Abfallbeseitigung wurden jahrtausendelang nur unvollständig gelöst, vor allem in vielen Ländern der «Dritten Welt» ist dies bis heute nicht der Fall.

Am Flußufer und an der Meeresküste können Handelsgüter vom Wasser aufs Land und umgekehrt umgeschlagen werden. Die Städte werden zu Stützpunkten des Handels, des Gewerbes, der Kultur. Sie können aber nicht unabhängig von ihrem Umfeld bestehen. Ländliche Siedlungen dagegen könnten im Prinzip unabhängig von ihrem weiteren Umfeld existieren, aber nicht immer am gleichen Ort – oder sie sind in Handelsnetze integriert und auf diese Weise mit einem Umfeld verbunden. Mit dem Aufkommen von Städten und dem Aufbau von Handelsnetzen entsteht eine Tendenz zur Globalisierung von Gütern, Tier- und Pflanzenarten sowie Krankheitskeimen; auch Pest und Cholera wanderten von Stadt zu Stadt.

Als keine Wirtschafts- und Siedlungsflächen mehr aufgegeben wurden (Karl der Große verbot dies bezeichnenderweise in seinem «Capitulare de villis»), blieb auf allen Wirtschaftsflächen eine langfristige Nutzung in stets ähnlicher Weise bestehen. Äcker wurden viel länger genutzt als zuvor; Düngung wurde notwendiger. Entsprechendes galt für das Weideland. Es mußte häufiger und intensiver mit Ziegen und Eseln beweidet werden, um Disteln zurückzuhalten. Wälder, in denen Laubheu und Brennholz gewonnen wurden, nutzte man ebenfalls dauerhafter. Alle paar Jahre oder Jahrzehnte wurden die Gehölze geschlagen. Einige Arten von Bäumen konnten nach der Nutzung immer wieder ausschlagen, andere ertrugen dies auf die Dauer nicht. Während Hainbuche, Linde, Ulme, Esche und Eiche an Häufigkeit zunahmen, als man Gehölze immer wieder schlug, wurde die Buche schließlich seltener. Die Pollendiagramme zeigen, daß genau dieser Effekt in vielen Gebieten Europas eintrat, in den römisch besetzten Regionen bereits in der Zeit um Christi Geburt, in anderen im Verlauf des Mittelalters.

Auf langfristig genutzten Wald- und Landwirtschaftsflächen herrschten andere Bedingungen der Selektion von Pflanzen- und Tierarten, weil sich in Abhängigkeit von allmählichen internen Veränderungen am Standort andere Gegebenheiten der intra- und interspezifischen Konkurrenz ergaben. Einige Organismen wurden mit dem beginnenden Mineralstoffmangel im Boden eher fertig als andere.

Wenn Siedlungen auf Dauer Bestand hatten, lohnten sich Investitionen in langfristige Landnutzungen; andererseits erlaubten diese Investitionen eine weitere Stabilisierung der Besiedlung, indem sie ihre wirtschaftliche Potenz vergrößerten. Es lohnte sich beispielsweise, nicht nur in der Stadt, sondern auch in der Nähe der Dörfer Wassermühlen mit Mühlwehren, Mühlkanäle und Mühlteiche anzulegen. Dadurch wurden die ökologischen Bedingungen von Fließgewässern, die Voraussetzungen für intra- und interspezifische Konkurrenz zwischen den Organismen, auf weiten Strecken erheblich verändert. Vor allem bei Gewässern mit geringem Gefälle wurden aus Abschnitten mit fließendem Wasser Stillgewässerbereiche, in denen fortan seeähnliche Bedingungen herrschten. Dort breiteten sich andere Algen aus als in Fließgewässern, die Wassertemperatur veränderte sich, im Sommer kam es häufiger zu Sauerstoffmangel im Wasser, im Winter waren die Gewässer länger zugefroren. An den Wehren bildeten sich kurze Gewässerstrekken mit einem erheblichen Gefälle, sogar künstliche Wasserfälle; dort kam viel Sauerstoff ins Wasser, und Fische sammelten sich dort in Phasen, in denen Sauerstoff in anderen Gewässerbereichen knapp war. Die Fischer wußten das; sie legten vor allem an den Wehren ihre Netze und Angeln aus. Vielleicht wurden viele Wehre ursprünglich sogar nicht gebaut, um Mühlen zu betreiben, sondern um Fische anzulocken.

Wehre zerteilten die Fließgewässer in Abschnitte. Die Organismen der Gewässer konnten nun nicht mehr wie früher von der Quelle zur Mündung eines Flusses gelangen; ihr Aktionsradius wurde eingeschränkt. Es trat das ein, was aus ökologischer Sicht immer eintritt, wenn Populationen von Organismen getrennt werden: Sie entwickelten sich auseinander. Fischereibiologen wissen, daß sich manche Fischpopulationen oberhalb und unterhalb von Wehren unterscheiden – als Folge der Unterteilung von Fließgewässern durch den Menschen vor einigen Jahrhunderten.

Aufwendige Anlagen, die in der Umgebung fester Siedlungen entstanden, waren auch Obstwiesen, Weinberge oder Hopfengärten. Denn sie brauchten jahrelange Vorbereitung, bis sie bepflanzt werden konnten und die dort gezogenen Pflanzen gute Erträge brachten. Diese Gärten waren Ökosysteme, die es zuvor noch nicht gegeben hatte, lockere Haine, in denen es zeitweilig schattig, zeitweilig sonnig war. In ihnen standen zeitweise viele Blüten für die Bestäubung durch Insekten offen. In diesen Sonderkulturen wurde der Boden zu anderen Zeiten bearbeitet als auf einem «ordinären» Acker. Andere Unkräuter fanden sich ein, andere Insekten vermehrten sich. Jede Handlung des Menschen, jeder neue Versuch, seine Existenz besser abzusichern, veränderte die Ökosysteme, ließ andere Tiere und Pflanzen zur Vorherrschaft gelangen.

Kapitel 14 *Nutzung und Übernutzung des Landes*

Seit Jahrtausenden hat die Einführung administrativer und wirtschaftlicher Strukturen zwei weitere wesentliche Folgen gehabt. Einerseits wird das «Hinterland», das an die Gebiete mit entwickelter Infrastruktur und größerem Wohlstand angrenzt, ausgehend vom staatlich und wirtschaftlich gefestigten Gebiet erschlossen oder kolonisiert; andererseits versuchen die Menschen im «Hinterland», selbst auch an den Kuchen des Wohlstands heranzukommen. In ökologischen Zusammenhängen gesehen bedeutete und bedeutet dies immer wieder: Der Weg von der Nutzung zur Übernutzung, zur übermäßigen Ausbeutung der Ressourcen, war und ist dann niemals weit.

Zu Zeiten der Antike waren vor allem die Gebirgslandschaften rings um das Mittelmeer von Übernutzung betroffen. Im Mittelalter nahm die Nutzung in den europäischen Küsten- und Gebirgsregionen erheblich zu; Übernutzung betraf ebenfalls viele Gebirgslandschaften. In jüngerer Zeit und bis in die Gegenwart kommt es vor allem an den Rändern der tropischen und subtropischen Trockengebiete, in Asien und Afrika, sowie in den tropischen Regenwäldern zu verheerender Übernutzung des Bodens.

Schon seit Jahrtausenden wird von Stadtverwaltungen und Landesherren auf eine Intensivierung der agrarischen Produktion im Umland gedrungen. Das sogenannte Umland war zunächst eng begrenzt. Mit der Schaffung neuer Verkehrswege und Handelsnetze wurde es immer größer, erreichte schließlich globale Ausmaße. Selbst wenn das Handelsnetz noch relativ klein war, aber Güter von anderen Menschen als den Produzenten konsumiert wurden, wenn, ökologisch gesprochen, sich gewissermaßen die Nahrungskette um produzierende und konsumierende Menschen verlängerte, mußte die Intensivierung der Wirtschaft bereits administrativ geregelt werden. Ebenso wie schon lange zuvor bei der Regelung von künstlicher Bewässerung an den orientalischen Flüssen benötigte man dafür die Schrift als Hilfsmittel. Davon angetrieben, setzte in vielen Regionen der Erde die schriftliche Überlieferung ein. Wir erfahren aus frühen schriftlichen Quellen, wie in antiker Zeit der Transport von Getreide über das Meer in Gang kam, wie die Abgabe von Getreide erbeten oder erzwungen wurde, wie sogar Kriege darum geführt wurden. Wir erfahren, wie die Römer rationell betriebene Gutshöfe nicht nur in ihrem Mutterland, sondern auch in den von ihnen eroberten Provinzen anlegten, beispielsweise auf den Britischen Inseln und am Niederrhein, Gutshöfe, von denen aus Kasernen und Städte versorgt wurden.

In mittelalterlichen Schriftquellen geht es häufig um die Regelung der Dreifelderwirtschaft und um die Neugründung größerer Dörfer, welche nur denkbar war, wenn zur gleichen Zeit kleinere Weiler aufgegeben wurden; denn irgendwoher mußten die Menschen ja stammen, die in den Dörfern angesiedelt wurden. Nur in seltenen Fällen dürften sie von weither gekommen sein. Zog man die Bauern in größeren Dörfern zusammen, konnte man leichter Abgaben von ihnen einziehen.

Mit der Dreifelderwirtschaft ließen sich die Erträge steigern. Dabei wurde die von jedem Dorf bewirtschaftete Fläche in drei Felder oder Gewanne eingeteilt: Auf dem ersten wurde Wintergetreide angebaut, auf dem zweiten Sommergetreide, und das dritte Feld lag brach. Die Nutzung der drei Felder rotierte Jahr für Jahr. Jeder Bauer besaß Äcker in jedem Gewann, in jedem Feld. Die Äcker waren von Anfang an schmal (nicht erst nach späterer Realteilung) und langgestreckt; so konnte man sie in langen Bahnen pflügen. Dies war ein Vorteil, denn das Wenden der Pfluggespanne war schwierig. Jeder Bauer hatte seinen Acker mit Mergel und Mist so gut wie möglich zu düngen. Sein Bemühen, das den Boden verbessernde Material auf dem schmalen Acker festzuhalten, mag dazu geführt haben, daß die Äcker allmählich eine gewölbte Oberfläche erhielten. Beim Pflügen wurde nämlich die Scholle wohl immer nach innen gekippt, zur Mitte des Ackerbeetes. So wurde die Oberfläche des Beetes in der Mitte erhöht, während sich zu seinen Seiten allmählich grabenähnliche Senken herausbildeten. Möglicherweise sollte sich die gewölbte Form der Äcker aber auch deswegen herausbilden, weil die Feldfrüchte bei trockenen Witterungsbedingungen auf den geneigten Seiten besser wuchsen, in feuchten Jahren dagegen besser auf dem Ackerrücken. Vielleicht stand beim Anlegen der Äcker auch mal der eine, mal der andere Aspekt im Vordergrund.

Genauso wie das Ackerland wurde die Bewirtschaftung des Grünlandes unterhalb der Siedlungen, an den Rändern der Täler, neu organisiert. Hier befanden sich nun nicht mehr nur Viehweiden, sondern man legte auch Wiesen an, die regelmäßig zur Produktion von Grasheu geschnitten wurden. Die Anlage einer Wiese war ein aufwendiges Unternehmen. Denn das Land mußte eingeebnet werden, und einzelne aus dem Untergrund hervorragende Steine mußten beseitigt werden, weil sie die zum Grasschnitt eingesetzten Sensen beschädigt hätten. Der erhebliche Entzug an Mineralstoffen, der mit jeder Ernte von Gras verbunden war, mußte durch Düngung kompensiert werden. Wasser aus den Bächen wurde in Gräben abgeleitet und an den Talhängen entlanggeführt. Aus den Gräben rieselte es auf das Wiesenland, damit die im Wasser suspendierten oder gelösten Mineralstoffe die Wiesen düngten. Die aus den Ställen rieselnde Gülle ließ sich in die Gräben einleiten; die Effizienz der Düngung stieg dadurch an. Mit hochwertigem Grasheu ließ sich die Qualität der winterlichen Heufütterung in den Ställen erhöhen, das Vieh wuchs besser.

Durch diese und andere Maßnahmen stieg die landwirtschaftliche Produktion. Das geerntete Korn, die Milch und die Milchprodukte sowie das Fleisch reichten nicht nur für den Eigenbedarf der Bauern, sondern andere Menschen konnten zusätzlich versorgt werden. Landwirtschaftliche Produkte wurden als Abgaben von den Bauern eingefordert, gelegentlich mit Gewalt und mit der Folge von Hunger und Not bei armen, unterdrückten Bauernfamilien. Die Tatsache, daß man Abgaben verlangte, wurde zu einer wichtigen Quelle für den städtischen Wohlstand. Dank der Abgaben von pflanzlichen und tierischen Produkten war es möglich, daß sich zumindest ein Teil der städtischen Bevölkerung nicht um die Erzeugung von Lebensmitteln kümmern mußte. Er konnte anderen Tätigkeiten nachgehen. So entwickelte sich die städtische Kultur seit der Antike und im Mittelalter.

Die Etablierung von Handelsnetzen machte es möglich, daß man in Regionen leben konnte, in denen dies von Natur aus riskant war. Nur dann, wenn Handelsnetze bestanden und bestehen, können Menschen in Siedlungen an waldarmen Küsten mit Holz versorgt werden, so daß sie Bau- und Brennholz haben und sich durch Dämme vor hohen Fluten schützen können, in die zur Befestigung Holz eingelagert war. Ebenfalls nur dank der Handelsnetze können Menschen im hohen Gebirge oder im hohen Norden dauerhaft leben, in Gebieten, wo die Witterungsbedingungen in manchen Jahren durchaus die Gewinnung guter landwirtschaftlicher Erträge erlauben, wo aber auch häufig Mißernten auftreten.

An flachen Meeresküsten wurden künstliche Hügel errichtet, um Menschen und Tiere vor hohen Fluten zu sichern. Später baute man Deiche, in die Tore eingelassen waren; sie dienten dazu, überschüssiges Wasser vom Land her abfließen, Salzwasser vom Meer her aber nicht ins niedrigere Land hinter dem Deich, in den Polder, eindringen zu lassen. Damit wurde das Leben an der Küste nicht unbedingt sicherer (zum Schutz von Menschen und Vieh hätten die Wohnhügel, die Warften, Wurten oder Terpen, vielleicht ausgereicht); aber im eingedeichten Land, in der Marsch, wurde das Meersalz vom Regenwasser ausgewaschen, und das Land wurde zu außerordentlich fruchtbarem Agrarland. In den Niederlanden wuchsen die eingedeichten Flächen der Polder in ähnlichem Tempo wie die Städte.

Der Deichbau hatte zur Folge, daß sich das Wasser bei hohen Fluten nicht mehr über die ganze Fläche des Landes ausbreiten konnte, die es zuvor bei solchen «Naturkatastrophen» flach überdeckt hatte. Die Wogen drückten mit Wucht gegen die Deiche, und unmittelbar am Deich stiegen die Höhen der Fluten auch an. Etliche Deiche, die nicht stabil genug waren, barsten unter der Wucht der Wogen; das Wasser ergoß sich daraufhin mit um so größerer Macht in das Land, das es zuvor, als es noch keine Deiche gegeben hatte, regelmäßig nur seicht überflutet hatte. An der Deichbruchstelle riß das Wasser eine tiefe Rinne ins Land, hinter dem Deich bildeten sich tiefe Strudel. Die Deichbruchstelle ließ sich später oft nur mit Mühe wieder schließen. Einzelne Buchten, die nach Deichbrüchen entstanden waren, blieben bis heute bestehen, zum Beispiel der Jadebusen an der Nordsee.

Die Folgen von Deichbrüchen waren besonders schlimm, weil das eingedeichte Land infolge der Abtrocknung zusammengesackt und seine Oberfläche dadurch niedriger geworden war. Die «Naturkatastrophe» des Deichbruches, die in Wirklichkeit vielmehr durch menschliches Handeln verursacht worden war, hatte wegen des Absackens des Landes noch schlimmere Folgen. Weitgehend überflutet wurden auch Flächen, an denen zuvor Brenntorf oder Salztorf gewonnen worden war; aus Salztorf gewann man Kochsalz, eine wichtige Konservierungssubstanz für leichtverderbliche Lebensmittel.

Landwirtschaft war in den Bergländern und weit im Norden nicht nur deswegen schwerer zu etablieren als in den traditionellen Altsiedelgebieten, weil das Klima ungünstiger war. Es gibt dort vielerorts – ebenso wie in den Tropen – kein fruchtbares, mineralreiches Sediment. Als daher im Verlauf von Antike und Mittelalter in den Bergländern Europas die wirtschaftliche Erschließung einsetzte, spielten sich vielerorts Entwicklungen ab, die heute auch in den tropischen Waldregionen zu beobachten sind. Es wurde weiträumig abgeholzt, denn in den wirtschaftlichen Zentren – in den Städten, von Gewerbebetrieben, zum Salzsieden und von den Werften – bestand großer Bedarf an Holz: Viel Holz wurde aber auch in den Regionen der Holzproduktion gebraucht, denn man mußte wegen des rauhen Klimas mehr heizen, und man mußte es auf den Ackerflächen abbrennen, um die Asche als Mineraldünger für den Feldbau zu gewinnen. In früheren Jahrhunderten geschah in Europa, was sich später in den Wäldern anderer Kontinente wiederholte: Große Stämme wurden aus neuerschlossenen Gebirgsgegenden exportiert, das Kleinholz wurde getrocknet und nach der Rodung angezündet. Danach konnte einige Jahre lang spärlicher Ackerbau betrieben werden. Später trieb man Tiere in die gerodeten Regionen, in denen nie mehr große Bäume in die Höhe wuchsen, wenn man dort dauerhaft weiden ließ. In einigen Regionen wurde schon frühzeitig eine Kreislaufwirtschaft etabliert: Nach einigen Jahren der Beweidung zog man die Tiere ab und ließ einige Jahre lang das Gehölz in die Höhe wachsen, ehe man es zur erneuten Düngung des Landes wieder abbrannte. Mit der Aussaat von Feldfrucht begann der Zyklus der Bewirtschaftung von neuem.

Im Bergland muß das Vieh wegen des ungünstigen Klimas länger im Stall gehalten werden als in den Niederungen. Daher wird mehr

Winterfutter benötigt, aber auch mehr Dünger für die Ländereien gewonnen.

Die Einbindung vieler europäischer Bergländer in der Römerzeit und im Mittelalter gelang vor allem mit der Erschließung reicher Vorkommen von Bodenschätzen: Silber, Kupfer, Zinn und Blei. Meistens war es notwendig, die Erze aus dem umgebenden Gestein herauszuschmelzen. Zum Schmelzen brauchte man Brennstoff; bis vor wenigen Jahrhunderten kam dafür allein Holz in Betracht. In Europas Bergbauregionen wurden ausgedehnte Wälder abgeholzt.

Von Erzbergwerken, Schmelzhütten und Abraumhalden aus gelangten Schwermetalle in die Böden der Umgebung der Bergbauregionen. Von dort kamen Schwermetallreste in Fließgewässer; bei Überflutungen wurden sie auf dem Land entlang der Flüsse verteilt. Schon seit Jahrhunderten, wenn nicht sogar seit Jahrtausenden werden auf diese Weise Böden kontaminiert. Es gelang einigen Populationen von Pflanzen, die von Schwermetallen verseuchten Böden zu «erobern». In gerichteter Selektion wurden auf den Schwermetallböden lange Zeit immer wieder diejenigen Organismen gefördert, die zum Wachstum auf diesem extremen Standort befähigt waren. Im Lauf der Zeit bildeten sich charakteristische Pflanzenarten heraus, die nur auf Schwermetallböden wachsen. Sie sind inzwischen derart charakteristisch, daß ihre Wuchsorte unter Naturschutz gestellt wurden – obwohl an ihnen doch große Massen an Schwermetallen deponiert wurden, was keineswegs etwas mit natürlichen Verhältnissen zu tun hat.

Gewaltige Mengen an Holz brauchte man weiterhin zum Brennen von Holzkohle, die man unter anderem bei der Schmelze von Glas und bei der Herstellung von Steinzeug benötigte. Beide Materialien erfordern sehr hohe Temperaturen, die ursprünglich nur mit Holzkohle erzeugt werden konnten. Setzte man eine bestimmte Substanz als Katalysator ein, ließ sich die Schmelztemperatur von Glas erniedrigen. Die Glashütten verwendeten deshalb Pottasche – ebenfalls ein Produkt, das unter enormem Verbrauch von Holz hergestellt wurde.

Eine solche Waldvernichtung zum Nutzen von örtlichem Gewerbe, wie sie im Mittelalter und in der frühen Neuzeit in weiten Teilen Europas stattgefunden hat, ist ohne Beispiel. Nun stehen auch andere

Ressourcen zur Erzeugung hoher Temperaturen zur Verfügung. Heute werden tropische Waldökosysteme besonders stark belastet und weiträumig gerodet, aber aus anderen Gründen: Sie sind an ein ganzes Welthandelsnetz angebunden, und es besteht ein erheblicher weltweiter Bedarf vor allem an billigem Holz. Auch kommt es zu Übernutzung in den Tropen, weil die dortige landwirtschaftliche Produktion preisgünstiger ist als in den Industriestaaten; Ackerbauprodukte aus den Tropen werden daher in die Industrieländer der gemäßigten Breiten exportiert, obwohl die ökologischen Voraussetzungen für den Ackerbau in den gemäßigten Breiten eigentlich günstiger sind als in den Tropen.

Die Folgen großflächiger Entwaldungen sollten, da sie schon seit über 2000 Jahren eine Rolle spielen, eigentlich bekannt sein. Schon in römischer Zeit wußte man, daß die Bodenerosion dadurch verstärkt wird; der lockere Boden auf den steilen Hängen der Gebirge am Mittelmeer wurde weiträumig abgeschwemmt. Dieser Vorgang wird oft mit Verkarstung gleichgesetzt. Dabei geht es aber um etwas anderes, nämlich um die Versickerung von Oberflächenwasser in Klüften von Kalkgebirgen und deren nachträgliche Austrocknung. Verkarstung wurde durch das Abholzen zwar gefördert; Bodenerosion dagegen findet nicht nur in Kalkgebirgen statt, sondern auch auf anderem geologischem Untergrund. Viel abgeschwemmtes Material wird an den Flußmündungen wieder abgelagert; so ließ das Abholzen vieler Gebirge seit antiker Zeit die Deltas von Po, Rhone, Ebro, Donau und anderen Flüssen weit ins Meer hinauswachsen.

Wenn Ökosysteme mit Waldbinnenklima verschwinden, nimmt weiträumig das Kontinentale des Klimas zu, und zwar in zweierlei Hinsicht. Die täglichen und jahreszeitlichen Gegensätze der Temperatur werden größer, wenn der Wald mit seiner ausgleichenden Wirkung fehlt. Hitze und Frost treten häufiger auf – mit eventuellen negativen Folgen für die Landwirtschaft im Umland der Rodungsflächen. Über dem Land bilden sich weniger Wolken, so daß die Niederschlagsmenge geringer wird. Diese lokalen Klimaveränderungen, so gering sie auch gewesen sein mögen, konnten großräumige Auswirkungen haben. Weil das Niederschlagswasser in und unter den Bäumen sowie in Moospolstern nicht mehr festgehalten wurde, kam es zu einem rascheren Abfluß und in der Folge zu deutlicher ausgeprägtem Hochwasser. Als Folge übermäßigen Abholzens sind heute nicht nur steigende Hochwasserwellen vor allem entlang der indischen und chinesischen Flüsse sowie ganz besonders in Bangladesch feststellbar: Genauso wie einst in den Randgebirgen der antiken Zivilisation werden gewaltige Mengen an lockerem und fruchtbarem Bodenmaterial im Wasser mitgeschwemmt. Wenn aber große Wassermengen schnell abfließen, sind auch die Zeiten geringer Wasserführung der Flüsse deutlicher ausgeprägt. Ebenso wie bei Hochwasser mangelt es dann vielerorts an Trinkwasser, vor allem wenn das hochstehende Wasser in die Abwassersysteme und Öltanks eindringt und das Trinkwasser von dort aus kontaminiert wird.

Die weiträumige Zurückdrängung der Wälder führt schließlich zu einem Verschwinden des Lebensraumes zahlreicher Tier- und Pflanzenarten. Rings um das Mittelmeer und in Europa war dies, bei relativ niedriger Biodiversität in den Ökosystemen, nicht so sehr das Problem wie heutigentags in den tropischen Wäldern. Dort herrscht eine hohe Biodiversität, das heißt aber auch, daß zahlreiche Arten nur aus wenigen Individuen bestehen. Die Befürchtung ist berechtigt, daß viele Arten noch gar nicht entdeckt sind, während ihr Lebensraum bereits durch Abholzen vernichtet wird. Wenn uns die Erhaltung von Arten wichtig ist, müssen wir uns ganz besonders für die Bewahrung tropischer Ökosysteme einsetzen.

Römische Schriftsteller beschrieben bereits in der Antike die negativen Folgen der Abholzung; sie stellten fest, daß dadurch möglicherweise irreversibel Land verwüstet wurde. In späteren Jahrhunderten, im Mittelalter und in der frühen Neuzeit, kamen aufmerksame Beobachter in anderen Teilen Europas zu entsprechenden Schlüssen. Erosion, Dünenbildung auf Sand, der nicht mehr von Baumwurzeln und Moosen festgehalten wurde, das Brechen von Deichen, die Verwüstung des Landes durch Schwermetalle: All dies hielt man aber vor allem für Naturkatastrophen oder für Strafgerichte Gottes, man sah es als Folgen des Sündenfalls und der Vertreibung aus dem Paradies an.

In weiten Teilen Europas kam es zur Entwicklung von Strategien, um Krisen der Umwelt zu überwinden. Sie könnten heute in den Tropen hilfreich sein. Allerdings wurden bei der Bewältigung der mitteleuropäischen Umweltkrisen des späten Mittelalters und der frühen Neuzeit etliche Zusammenhänge nicht richtig erkannt. Wenn wir uns darüber nicht Klarheit verschaffen, könnte dieses Manko zu einer neuen Umweltkrise führen.

Die Absicht, stabile Lebensbedingungen zu schaffen, hatte immer wieder Bevölkerungsexplosionen ausgelöst und einem Teil der Menschheit dauerhaften Wohlstand gebracht. Andere Menschen lebten weiterhin am Rand der Katastrophe. In manchen Jahren erlaubten die ökologischen Bedingungen auch ihnen eine ausreichende Existenz, in anderen litten sie Hunger, Mangel und Not. In den Zeiten, in denen sich die negativen Folgen von Übernutzung des Landes bemerkbar machten, wurde deutlich, daß stabile Lebensverhältnisse den Gesetzen der Ökologie nicht entsprechen und mit den Mitteln, die den Menschen jeweils zur Verfügung standen, nicht zu erreichen waren.

Kapitel 15 *Gärten der Nachhaltigkeit und Stabilität in «wilder» Natur*

Katastrophen, deren Auslöser die Dynamik von Natur war und in denen sich die Gesetzmäßigkeiten der Ökologie manifestierten, hielt man in früheren Zeiten für Strafgerichte Gottes, die Ödnis und Wildnis vergrößerten. Die Natur der Wildnis war die «gefallene Natur», die «natura lapsa». Gemeint waren damit nicht nur die unter dem Einfluß des Menschen negativ veränderten Umweltbereiche, sondern auch Gebiete, die durch «echte» Naturkatastrophen, beispielsweise durch Vulkanausbrüche, zerstört worden waren.

Inseln der Stabilität in der um sich greifenden Wildnis waren – für die Menschen des Altertums, des Mittelalters und der frühen Neuzeit – die Gärten. Ein «Garten» ist auch vom Begrifflichen her gesehen ein eingezäunter, geschützter Bereich; das Wort «Paradies» bezeichnet in alten Sprachen des Orients ebenfalls ein umzäuntes Gebiet. Obwohl es im Christentum das Paradies nur im Jenseits gibt, waren auf seinen bildlichen Darstellungen irdische Wesen als Teile der göttlichen Schöpfung zu erkennen. Die Tier- und Pflanzenarten waren nur in den statischen, unveränderlichen Formen denkbar, in denen sie von Gott geschaffen worden waren. An eine allmähliche Veränderung ihrer Erscheinung oder gar an eine Evolution dachte man nicht. Man sieht sie in «fertig erschaffener Form» auf zahlreichen Tafelbildern des späten Mittelalters und der frühen Neuzeit, auf denen das Paradies dargestellt ist. Die abgebildeten Pflanzenarten wurden damals wohl auch in den Gärten angepflanzt.

Im Garten darf es keine Dynamik geben, sondern dort soll das ewige Leben sichtbar sein, die Zeitlosigkeit. Wenn die Gartenbeete in jedem Jahr nach dem gleichem Plan bepflanzt werden und immer wieder das im Zuge natürlicher Sukzessionen aufkommende Unkraut beseitigt wird, sieht der Garten jedes Jahr gleich aus. Immer wieder treiben die Zwiebelgewächse aus, immer wieder sind die phantastischen Blüten der

Akelei zu sehen, die für ein Symbol des Heiligen Geistes gehalten wurden. Sie scheinen aus fünf Tauben, Überbringern der göttlichen Botschaft, zusammengesetzt zu sein. Rosenstöcke und Bäume scheinen ewig zu leben, wenn man sie regelmäßig schneidet: Immer wieder brechen die Rosen auf, jedes Jahr blühen sie in großer Pracht, und man berichtet von tausendjährigen Rosenstöcken. Das Gartenjahr läuft immer wieder gleich ab, es ist ein stabiler Zyklus. Alljährlich im Herbst ist zwar auch die Vergänglichkeit zu erkennen, doch die Freude des Gärtners ist groß, wenn im nächsten Jahr die geliebten Blüten wieder wie gewohnt zum Vorschein kommen. Das kulturelle Wirken des Gärtners ist stets erforderlich, um den Garten in einem stabilen Zustand zu erhalten.

Nach der gängigen Vorstellung früherer Jahrhunderte war alles nützlich, was auch schön war. In den Gärten wurden schöne und daher nützliche Blumen vor dem Zugriff der Wildnis und der Natur, vor Naturkatastrophen, auch vor wilden, häßlichen und daher nicht für nützlich gehaltenen Gewächsen und Tieren bewahrt. Umgeben von sichtbaren oder unsichtbaren Gartenzäunen oder Mauern wurde die gesamte «Natur» gestaltet, zunächst geometrisch, dann aufgelockert, eher «landschaftlich» im Landschaftsgarten. Ausgehend von den Gärten wollten Menschen der gesamten Natur zu Schönheit und Nützlichkeit verhelfen. Propagiert wurde die Idee der «Oeconomia naturae». Die schöne Natur wurde auf Bildern dargestellt. Diese Bilder nannte man Landschaften, ihre Maler Landschafter. Auf den Bildern war das zu sehen, was man in der Natur auch zu sehen hoffte: das Ideal der «Oeconomia naturae» – und die Stabilität. Die Landschaft entwickelte sich also im Kopf des Landschafters, sie bestand nicht «von selbst» in der Natur.

Das Bestreben, Gottes Schöpfung zu bewahren, ist einer der Gründe für den Beginn wissenschaftlicher Beschäftigung mit Tieren und Pflanzen, Ökosystemen und Landschaften im 18. Jahrhundert. Landesherren hofften, von den Keimzellen ihrer Gärten aus paradiesische Verhältnisse in ihren gesamten Ländern zu schaffen. Ein solcher Gedanke lag einem absolutistisch, als Stellvertreter Gottes regierenden Herrn nicht fern. In viele Gärten wurden landwirtschaftliche Kulturen integriert, Obsthaine (z. B. in Dachau), Maulbeerplantagen und Weinberge (z. B. vor Schloß Sanssouci in Potsdam), ja sogar Ackerland (z. B. in Wörlitz). Bewahrt vor der Zerstörung der sich ewig wandelnden und nicht kalkulierbaren Wildnis sollten landwirtschaftliche Kulturen innerhalb von Gärten besonders gut gedeihen. Das «paradiesische Arkadien» wurde so an Orten gewonnen, an denen es bisher nicht bestanden hatte. Man pflanzte zahlreiche exotische Gehölze in den Gärten an und bemerkte, daß etliche von ihnen, wie Serbische Fichte, Douglasie, Mammutbaum, Schwarzkiefer, Roteiche und Robinie, auch fernab ihrer Herkunftsländer bestens gediehen. Anschließend propagierte man eine Ausbringung dieser Gehölze in den Wäldern: Überhaupt sollte von den Gärten eine Vorbildwirkung für andere Ländereien und auf andere Menschen ausgehen; Gedanken der ästhetischen Erziehung bewegten viele Gartengestalter.

Durch das Bemühen, stabile und arkadische Verhältnisse (wieder)-herzustellen, bekam die Globalisierung von Gewächsen (und auch Tieren) einen bedeutenden Impuls. Schöne und nützliche Natur brauchte man vor allem in solchen Ländern, in denen man das Problem des Mangels an Ressourcen nicht durch Ausweitung des Landes in angrenzende Regionen oder durch übermäßige Ausbeutung von Kolonien lösen konnte. Man pflanzte alle möglichen Gewächse zuerst in den Gärten, dann auch in den Wäldern und auf den Feldern an.

Die Einrichtung nützlicher Natur im Wald ist eine deutsche «Erfindung». Der Nürnberger Unternehmer Peter Stromer brachte im Jahr 1368 erstmals künstlich Kiefernsaat aus, um Waldbestände aus Menschenhand zu begründen. Andernorts verpflichtete man die Bürger, aus irgendwelchen Anlässen Bäume zu pflanzen, um dem Holzmangel zu begegnen. Der Mangel an Holz und der Verlust von Wäldern waren weniger ein ästhetisches als ein ökonomisches Problem. Aber zwischen diesen beiden Kriterien bestand kein Widerspruch; Schönheit und Nutzen bedingten einander.

Das Prinzip der nachhaltigen Nutzung von Wäldern wurde ebenfalls in Deutschland formuliert, als ein Mangel an nachwachsenden Rohstoffen immer deutlicher erkannt wurde. Als «Erfinder» dieses Prinzips gilt Hannß Carl von Carlowitz (1645–1714). Carlowitz, Rechtsgelehrter und Oberberghauptmann im sächsischen Erzgebirge, publizierte 1713 eine *Sylvicultura oeconomica*. Er war kein Forstmann; er hatte sich sowohl um das Bergbauwesen als auch um die Versorgung der Erzschmelzen mit Holz zu kümmern. Er sah eher im Mangel an Holz als an Erzen ein Problem, das den Betrieb der ihm unterstellten Erzaufbereitungsanlagen unmöglich machen könnte. Carlowitz propagierte daher die Aufforstung von kahlgeschlagenen Waldflächen. Dem Waldbestand durfte nicht mehr Holz entnommen werden, als zur gleichen Zeit nachwuchs. Damit ist das bis heute gültige, zentrale Ziel des forstlichen Nachhaltigkeitsgedankens formuliert. Die neugeschaffenen Waldflächen waren Gärten vergleichbar. Vor der Aufforstung vermaß man sie, umgab sie also mit «gedanklichen Zäunen» gegenüber dem nicht aufgeforsteten Land. Oft zäunte man die neuen Forsten auch tatsächlich ein, um sie als «Schonungen» vor dem Wildverbiß zu bewahren. Geschützt werden sollten die Wälder auch vor dem Weidevieh. Das Eintreiben von Vieh in die Wälder wurde vielerorts seit dem späten 18. Jahrhundert verboten. Auf den neuen Waldflächen sollte ebenso wie im Garten «Oeconomia naturae» herrschen, die «natura lapsa» sollte zurückgedrängt werden. Carlowitz fand noch ein weiteres Argument für die Aufforstung und das Nachhaltigkeitsprinzip. Er bezog sich auf Tacitus, der in seiner *Germania*, einer der frühesten Geschichtsquellen über Mitteleuropa, die weiten Wälder Germaniens als besonders dicht und undurchdringlich erwähnt hatte. Die alten Verhältnisse sollten wiederhergestellt werden.

Der Aufforstung liegt die Illusion zugrunde, daß ein Standort nach der Rodung und anderer Nutzung genauso gut wie früher ein Wachstum von Bäumen ermöglicht. Im 18. Jahrhundert und auch noch in viel späterer Zeit dachte kaum jemand daran, daß die Standortbedingungen veränderlich sind und daß die Voraussetzungen für das Wachstum von Bäumen sich in der Phase der Waldfreiheit geändert haben könnten. Häufig wählte man bei der Aufforstung Holzarten aus, die zuvor an den Standorten nicht vorgekommen waren, deren Ausbringung aus ökonomischer Sicht aber günstig zu sein schien; auch dadurch wurden die Ökosysteme verändert. Zwar entstand nach der Aufforstung mit der Zeit wieder ein Waldbinnenklima, es wurde aber nicht unbedingt die gleiche Kapazität der Wasserspeicherung in den Ökosystemen erreicht. Wurden die Kronendächer der Bäume zu dicht, kam nur wenig Regenwasser an den Waldboden, so daß sich dort kaum Moose entwickelten, die einen Hauptteil der Wasserspeicherung in Waldökosystemen leisten.

Häufig wählte man schnellwachsende Baumarten zur Aufforstung aus; man wollte rasch Profit erzielen. In Europa entstanden viele Fichtenmonokulturen. Fichtenwurzeln dringen nur flach in den Boden ein und bilden einen sogenannten Wurzelteller aus. Je älter und größer die Bäume wurden, desto stärker schwankten sie im Wind. Dabei stampften die Wurzelteller auf jeweils einer Seite den Untergrund fest, auf der anderen Seite wurden die feinen Wurzeln aus dem Boden gerissen, so daß die Bäume insgesamt nicht gut im Boden verankert blieben. Dies wurde besonders dort zum Problem, wo als Folge der früheren Nutzung und durch darauffolgende Erosion kaum Tonminerale im Boden zurückgeblieben waren; Tonminerale machen den Boden lehmig. Viele alte Fichten in «künstlichen» Forsten sind nur locker im überwiegend sandigen Boden verankert, und es kann leicht zu verheerenden Windbrüchen kommen. Sie werden in Mischbeständen dadurch verhindert, daß andere Baumarten tieferreichende Wurzeln haben und den Fichten Stabilität geben.

Aufforstungen waren und sind daher nicht nur großartige kulturelle Leistungen, die tatsächlich ökonomischen, ökologischen und auch ästhetischen Nutzen haben können. Mit ihnen sind auch manche Probleme verbunden, wenn sie nicht richtig geplant sind. Künstlich begründete Wälder müßten, wenn sie auf ausgelaugten Böden stehen, früher geschlagen werden, und man müßte, um das Nachhaltigkeitsprinzip besser durchsetzen zu können, die Waldböden düngen.

In dieser Zeit entstand viel forstliche Literatur, es wurde eine akademische Ausbildung entwickelt, und man gründete Forstakademien. Das Nachhaltigkeitsprinzip, das Credo deutscher Förster, wurde zum geistigen und ökonomischen Exportartikel, deutsche Forstgesetze waren Vorbilder für entsprechende Regelwerke in vielen anderen Ländern.

Als die Nachfrage nach Holz aufgrund der Nutzung anderer Rohstoffquellen zurückging, bekam die Aufforstung als Nachhaltigkeitsprinzip in Deutschland und später auch in vielen anderen Ländern entscheidenden Auftrieb. Mithilfe der Dampfmaschine, einem Symbol der

Industrialisierung, ließen sich Förder- und Bewetterungsanlagen von Bergwerken betreiben, deren Stollen in großer Tiefe lagen. So kam man an große Mengen Kohle heran. Sie wurde im 19. Jahrhundert zum wichtigsten Brennstoff. Auch ließen sich mit Dampfmaschinen die Bagger von Braunkohletagebauen antreiben. Später kamen Erdöl und weitere Energieträger hinzu. Zwar brauchte man nun viel Holz zum Abstützen der Stollen, für Eisenbahnschwellen und Telegrafenstangen, aber der Bedarf an Holz als Brennstoff in den Manufakturen war größer gewesen.

Betrachtet man das Anliegen der Nachhaltigkeit insgesamt, so werden nicht nur positive Effekte deutlich. Denn die nachhaltige Bewirtschaftung von Wäldern wurde erst in großem Maße möglich, als eine Alternative zum immer knapper gewordenen Rohstoff Holz zur Verfügung stand. Seit dem 19. Jahrhundert wich man immer stärker auf fossile, nicht nachwachsende Rohstoffe aus. Dies ist aber kein nachhaltiges Wirtschaften; um vor allem mit nicht nachwachsenden Rohstoffen so sparsam wie möglich umzugehen, müßte man die Ressource Holz wieder stärker heranziehen.

Nachhaltigkeit wurde in den letzten Jahrhunderten aus wirtschaftlichen, ästhetischen oder kulturellen Absichten heraus angestrebt; man kann sie auch soziologisch begründen. Generell handelt es sich um ein außerordentlich wichtiges Prinzip des Umgangs mit Ressourcen. Als Ziel ist Nachhaltigkeit statisch; mit ihr werden stabile Verhältnisse angestrebt, auch stabile Lebensbedingungen für den Menschen, ein stabiler Bestand für die Landschaft. Ökologischen Prinzipien des Wandels läuft diese Absicht entgegen.

Das Bestreben, ganze Länder zu Gärten zu machen, gefallene zu einer nützlichen Natur zu machen, betraf keineswegs nur die Wälder. Von den Städten und herrschaftlichen Parks ausgehend wurden im 18. und 19. Jahrhundert lange Chausseen angelegt, die zu beiden Seiten bepflanzt wurden, man schuf Alleen. Entlang dieser Achsen wirkte die Landesplanung auf eine Verbesserung des Landeszustandes ein. Die kleinen, schmalen Ackerstreifen aus dem Mittelalter wurden zu größeren Koppeln zusammengelegt, die man als Viehweiden nutzte: Auf ihnen gediehen die Tiere besser als auf der abgeschafften Waldweide und auf den gemeinschaftlich genutzten Heiden, den sogenannten Gemeinheiten, die im Zuge der «Gemeinheitsteilungen» oder «Markenteilungen» zu privatem Landbesitz aufgeteilt wurden. Dieser wurde ebenfalls zu Koppeln parzelliert.

Wenn man die Koppeln mit Wällen und Hecken umgab, brauchte man keine Hirten mehr, um das Vieh zu hüten. Man sparte Arbeitskräfte: Erwachsene Hirten wurden als Arbeiter in die aufkommenden Industriebetriebe geschickt, Kinder und Jugendliche, die häufig als Hirten beschäftigt worden waren, mußten nun die Schule besuchen. Denn die Einhegungen von Koppeln war eine Voraussetzung dafür, daß auf dem Lande die allgemeine Schulpflicht durchgesetzt werden konnte. Der Bildungsstand der ländlichen Bevölkerung stieg an. Wenn man die Koppeln nicht mit Zäunen, sondern mit Wällen und Hecken umgab, konnte die ländliche Bevölkerung an einem weiteren Ort Holz machen. Dies war wichtig, denn die Forstverwaltungen untersagten den wilden Holzeinschlag in den Wäldern.

Im 19. Jahrhundert propagierte man den Anbau neuer Kulturpflanzen, in Europa insbesondere den Anbau der Kartoffel. Die landwirtschaftlichen Erträge stiegen vor allem durch die Verwendung von Mineraldünger, der unter anderem aus fossilen Rohstoffen gewonnen wurde (Kalisalz), sowie durch die moderne Agrarkultur, deren Einführung mit den Namen von Albrecht Daniel Thaer und Justus von Liebig verbunden wird.

In den Tälern und an der Küste wurde Land mit Dämmen vor Hochwasser geschützt, zum Teil auch nach Landverlusten bei Sturmfluten erneut eingedeicht. In vielen Tälern verschwanden Anlagen zum Mühlenstau. Etliche Wassermühlen wurden durch Windmühlen ersetzt. Durch die Beseitigung alter, oft recht großer Mühlteiche gewann man weiteres Wiesen- und Weideland.

Die «Oeconomia naturae» war auf dem Vormarsch. Rationelle Landnutzung und Ertragssteigerungen begannen unter adliger Grundherrschaft und setzten sich nach der Bauernbefreiung im 19. Jahrhundert weiter durch, besonders als die Bauern zu immer mehr Kapital kamen. Die Steigerung landwirtschaftlicher Erträge war eine der Voraussetzungen dafür, daß die Industrialisierung und die damit verbundene Bevölkerungsexplosion, das immense Wachstum der Städte, überhaupt stattfinden konnten. Preisgünstig und in Massen produzierte landwirtschaftliche Güter gelangten auf die städtischen Märkte, und für die Bauern auf dem Land ergab sich dadurch eine gute Möglichkeit, Geld zu verdienen.

Nachfolgend wurde die Infrastruktur auf dem Land weiter auf- und ausgebaut. Dies geschah zunächst in den Industrieländern, dann auch in anderen Teilen der Erde, zum Teil durch Kolonienbildung, schließlich in unabhängigen Staaten. In vielen Ländern entstanden engmaschige Eisenbahnnetze, über die ein rascher Transport von Massengütern zwischen Stadt und Land möglich wurde. Die Stabilität der Wirtschaft erhöhte sich, und die Globalisierung von angebauten sowie auf landwirtschaftlichen oder anderen Nutzflächen sich ausbreitenden Pflanzen- und Tierarten nahm erneut zu.

Zur Infrastrukturförderung auf dem Land gehörte die Gründung von Schulen, der Aufbau ländlicher Verwaltungen, die allgemeine Elektrifizierung; überall auf dem Land wurden Läden gegründet, eigentlich ein Merkmal der Marktflecken und Städte in früherer Zeit. Bildung und Wohlstand kamen aufs Land, neue Bauernhäuser wurden errichtet.

Schon längst nannte man das, was sich im späten 19. und frühen 20. Jahrhundert auf dem Land breitgemacht hatte, nicht mehr «Oeconomia naturae», und man dachte nicht mehr an das Paradies, das man ins Diesseits holen wollte. Aber im Grunde genommen hatte sicher manchen Landschaftsästheten des 18. Jahrhunderts vorgeschwebt, was im späten 19. und frühen 20. Jahrhundert erreicht wurde: «Schönes» und nützliches Land war geschaffen worden, auch durch Ödlandkultivierung und Melioration, und der allgemeine Wohlstand war gestiegen. Unabhängig von äußeren Einflüssen waren diese Entwicklungen nicht abgelaufen; sie sind im Zusammenhang mit der Industrialisierung und Globalisierung zu sehen. Es entstand eine vielgelobte Bilderbuchidylle als Gegenwelt zum Industrieland. Auf dem Land wuchsen das Getreide und das Gras, die Wiesenblumen und die Obstbäume blühten. Man sah dort «Natur», auch wenn man sich nicht immer dabei klarmachte, daß das natürliche Prinzip beim Wachsen und Reifen der Pflanzen nur auf Zeit bestehen durfte, denn später wurde geerntet, und dabei wurde die natürliche Entwicklung abgebrochen. Aber man war auch stolz auf die Steigerung der Erträge, denn dadurch vergrößerte sich die Stabilität im Leben der Bevölkerung.

Menschen aus der Stadt interessierten sich für die «Gegenwelt» auf dem Land, sie inventarisierten die dort vorhandenen Erscheinungen der Natur, die Arten von Tieren und Pflanzen. Viele Lehrer, die mit einer sehr viel besseren Ausbildung als zuvor aufs Land kamen, unterstützten sie dabei. Zum ersten Mal überhaupt wurde in vielen Gebieten eine vollständige Erfassung der Biodiversität angestrebt und auch weitgehend erreicht; komplett sind Inventarlisten von Tier- und Pflanzenarten allerdings nie, weil man kaum je in der Lage sein wird, alle Arten von Lebewesen an einem Ort vollständig zu erfassen – besonders problematisch ist dies bei den zahlreichen Arten von Mikroorganismen, bei Bakterien und Pilzen oder winzigem Getier im Boden.

Obwohl der Wohlstand auf dem Land auch in der ersten Hälfte des 20. Jahrhunderts zwar erkennbar wuchs, aber doch noch recht bescheiden war, obwohl sich auch auf dem Land viele negative Auswirkungen totalitärer Gewaltherrschaft feststellen lassen, so galt und gilt diese Zeit im Bewußtsein vieler Menschen doch mehr und mehr als ein «goldenes Zeitalter». In der «guten alten Zeit» schien die Welt in Ordnung gewesen zu sein. Die damals festgestellten Landschaftsbilder hielt man fortan für «Normalzustände». Für «normal» hielt man auch den aufgenommenen Bestand an Pflanzen- und Tierarten. Je mehr man in den letzten Jahrzehnten vom Bilderbuchzustand des Dorfes mit seinen vielen kleinen Bauernhöfen, von der Heckenlandschaft mit ihrer großen Biodiversität abrückte, desto mehr beklagte man das Verschwinden der «guten alten Zeit». Vor allem das nicht allzu intensiv oder gar nur extensiv genutzte Land wurde zum Inbegriff von «Natur». In den Naturschutzgebieten, die seit der Wende vom 19. zum 20. Jahrhundert geschaffen wurden, sollten Zustände von Natur geschützt werden, wie sie damals bestanden, aber später von Zerstörung oder Wandel bedroht wurden. Die Natur der «guten alten Zeit» wurde zum Referenzzustand für den «Naturschutz».

Daß sich unter natürlichen Bedingungen ökologische Prinzipien der Veränderung und schließlich auch die Evolution als wichtiges biologisches Prinzip bemerkbar machen, wurde nicht bedacht. Dynamik hatte zwar den Zustand der «natura lapsa» verursacht, der vor allem im 17. und 18. Jahrhundert beklagt wurde. Der Zustand der «gefallenen Natur» war aber in einen anderen überführt worden, den der «Oeconomia naturae». In dieser nützlichen und zugleich schönen Erscheinungsform von Natur, die auf den Landschaftsbildern des 18. und 19. Jahrhunderts dargestellt worden ist, durfte Dynamik keine Rolle spielen.

Der Charakter vieler Naturschutzgebiete wird zerstört, wenn man in ihnen der Dynamik nicht durch Pflege Einhalt gebietet. Doch wenn man die natürliche Dynamik nicht gewähren läßt und gute Gründe dafür hat – man will ja einen für schützenswert gehaltenen Zustand des Landes bewahren –, schützt man nicht die Natur, sondern betreibt Landschaftsschutz. Landschaft, eine Erscheinung und Interpretation von Natur oder Umwelt, kann als stabil aufgefaßt werden. Eine Landschaft läßt sich, wenn man sie entsprechend pflegt und bewirtschaftet, in einem Zustand erhalten, Natur aber nicht. In vielen Naturschutzgebieten wird daher eigentlich kein Schutz der Natur betrieben, sondern der Schutz von Landschaft. Landschaftsschutz darf dann aber nicht, wie es der heutigen Gesetzeslage entspricht, als «Naturschutz zweiter Klasse» verstanden werden, sondern ist ein wichtiges kulturelles Ziel. Es ermöglicht die Bewahrung von schönen (heute allerdings nicht mehr unbedingt auch für nützlich gehaltenen) Landschaften mit ihrer Biodiversität viel eher als ein «Naturschutz».

Wiedererschließungen von devastiertem Land werden heute in vielen Ländern der Erde betrieben, die sich in einem Zustand befinden, der mit dem in Europa und Nordamerika während des frühen 20. Jahrhunderts vergleichbar ist. Dort wird Industrie noch aufgebaut, und mit dem unter anderem dadurch gewonnenen Kapital ist es möglich, das Land zu entwickeln. Wüsten wurden und werden wieder fruchtbares Land, unter anderem in Israel und anderen Ländern des Nahen Ostens sowie auf dem indischen Subkontinent. Aufforstungen finden nach der Zerstörung von tropischem Regenwald in Südostasien und Brasilien statt. Vielfach geht auch dort die Durchsetzung der nachhaltigen Bewirtschaftung von Wäldern mit der Ausbreitung fossiler, nicht nachwachsender Rohstoffe einher.

Immer wieder neue fossile Energiequellen sind erforderlich, wenn eine aufgebraucht oder nicht mehr wirtschaftlich zu nutzen ist. Oder es gelingt, tatsächlich mehr auf regenerative Ressourcen bei der Energiegewinnung zu setzen, die sich im Einklang mit den Zyklen in der Atmosphäre und Hydrosphäre oder über die pflanzliche Produktion, den Anbau nachwachsender Rohstoffe, nutzen lassen.

Der Charakter des Landes, der in Europa vielerorts geschützt werden soll, ist eine Reminiszenz an kulturelle Errungenschaften und Ideale, die zur «Oeconomia naturae» geführt hatten und dem Beginn der «guten alten Zeit» auf dem Land den Weg bereiteten. Der Schutz von schöner Landschaft ist ein genauso notwendiges Ziel wie der Denkmalschutz für Gebäude, die in dieser Zeit mit dem aus der Landnutzung gewonnenen Kapital errichtet wurden. Landschaften als Denkmale lassen sich nur dann schützen, wenn man sie nicht für Natur oder einen Normalzustand hält, der keiner Pflege bedarf. Würde man in ihnen der Natur freien Lauf lassen, würde das, was geschützt werden soll, rasch verschwinden; dafür würden die Gesetze der Ökologie sorgen. Diese Gesetze und die speziellen Gegebenheiten des Wandels in jeder Gegend muß man kennen, wenn man Landschaft in einem bestimmten Zustand erhalten will.

An anderen Orten auf der Erde kann tatsächlich ein Naturschutz gelten. Er muß jedoch die Dynamik als Grundprinzip der Ökologie zulassen. Dies ist beispielsweise für Korallenriffe und tropische Regenwälder zu fordern. Geht ein Teil eines Riffs zugrunde oder bricht ein Stück Urwald zusammen, ist dies nicht Ausdruck einer Naturkatastrophe, sondern Teil der Dynamik, die für einen Neubeginn natürlicher Sukzessionen sorgt, deren Ablauf man mit Spannung erwarten und verfolgen kann.

Naturschutz bedeutet eigentlich ein völliges In-Ruhe-Lassen von Land, und so kann die natürliche Dynamik voll zum Zuge kommen. Wenn aber ein Zustand geschützt werden soll, der ganz oder teilweise durch menschlichen Einfluß zustande kam, ist ein Schutz von Kultur, von Landschaft zu fordern. Beides, der Schutz der Dynamik und der Schutz des Zustandes, können als Strategien ihre Berechtigung haben. Doch beide zugleich lassen sich nicht verwirklichen. Weil viele Menschen noch immer wie in längst vergangener Zeit Natur als einen Zustand betrachten, droht die Zerstörung vieler schützenswerter Landschaften – wenn wir nicht endlich anfangen, Landschaft als das Schützenswerte zu begreifen und ihr Werden als dynamischen und zugleich historischen Prozeß zu verstehen.

Kapitel 16 *Die Industrialisierung und die Idee der Grenzen des Wachstums*

Die «Oeconomia naturae» war noch nicht verwirklicht, und das angestrebte «Paradies auf Erden» war noch nicht vollständig geschaffen, da wurde beides schon wieder bedroht. So lautete die Einschätzung weniger Zeitgenossen im späten 19. und frühen 20. Jahrhundert, aber vieler nachgeborener Beobachter. Sie waren und sind der Ansicht, daß die Walze der Industrialisierung die ländliche Idylle überrollte. Die «gute alte Zeit» war, kaum hatte sie begonnen, schon wieder zu Ende: die Zeit, in der die ländliche Infrastruktur aufgebaut wurde; die Zeit, in der nicht nur alle Menschen Arbeit hatten, sondern auch eine immer höhere Bildung erlangen konnten; die Zeit, in der die Menschen auf dem Land zu einem, wenn auch bescheidenen Wohlstand kamen; die Zeit, in der landwirtschaftliche Erträge so weit stiegen, daß es möglich zu sein schien, Autarkie bei der Nahrungsmittelversorgung von Industrieländern zu erreichen; die Zeit, in der eine hohe Biodiversität unter Tier- und Pflanzenarten festgestellt wurde – auf den ersten Artenlisten überhaupt, die vielerorts entstanden.

Die Gefährdung der Idylle durch die Industrialisierung war offensichtlich. Der Landverbrauch für Fabriken, Verkehrsanlagen, Wohngebiete, Tagebaugruben war immens. Man sah die rauchenden Schlote, nahm den Gestank von Braunkohle, Chemiefabriken und Ölraffinerien wahr, der sich über die Industriegebiete am Rande der Großstädte legte. Jedermann konnte feststellen, daß die Gewässer verschmutzt waren, weil Abwasser eingeleitet wurde; das Wasser stank, die Fische starben. Immer größere Mengen an Müll sammelten sich an.

Die fortschreitende Intensivierung der Landwirtschaft bedrohte viele von denjenigen Strukturen der Landschaft, die nur wenige Jahrzehnte zuvor zum Ziel der «Oeconomia naturae» beigetragen hatten und auf deren Schaffung man damals so stolz gewesen war: Die Hekken, mit denen die Koppeln umgeben worden waren, verschwanden wieder, weil die bereits großen Felder zu noch größeren zusammengelegt wurden. In den Feldgehölzen hatten viele Tiere und Pflanzen einen Standort erobern können, eine kleine «Nische», die ihnen das Wirtschaften des Menschen «noch» zugestand. Nun verschwanden diese «Nischen» – und auch die Tiere, die dort gelebt hatten.

Die Menschen, die solchen Gedanken nachhingen, setzten die ländliche Welt des 19. und beginnenden 20. Jahrhunderts mit Natur gleich. Wenn seit der Wende des 19. zum 20. Jahrhundert immer lauter danach gerufen wurde, «Natur» zu schützen, so war damit sehr häufig die Bewahrung von Strukturen gemeint, die in Wirklichkeit nicht durch natürlichen Einfluß, sondern durch das Wirken des Menschen geschaffen worden waren. Geschützt werden sollten Heiden und Hudewälder, in denen seit Jahrtausenden das Vieh geweidet hatte. Geschützt werden sollte genauso die kleinteilige und abwechslungsreiche Agrarlandschaft des 19. Jahrhunderts, in der unterschiedliche Kulturpflanzen angebaut wurden und in der es zahlreiche Hecken und Feldgehölze gab. Diese «Natur» sollte vor der «Industrie» und vor der «Moderne» geschützt werden, vor dem Wirtschaftsliberalismus, vor der Oligarchie (reicher) Industrieller.

Eine solche Einstellung beruht auf zahlreichen Fehleinschätzungen, die insgesamt nicht hilfreich sind, um die zweifellos vorhandenen heutigen Umweltprobleme zu lösen. Die «Natur» des 19. Jahrhunderts ist vom Menschen geprägte Landschaft, die bis heute in «Naturschutzgebieten» zu bewundern ist: die Lüneburger Heide und andere Zwergstrauchheiden, die Wacholderheiden auf den süddeutschen Mittelgebirgen, die Streuwiesen im Alpenvorland, die Reste von Hudewäldern. Das, was wir dort schützen wollen, könnte viel effizienter geschützt werden, wenn allen Beteiligten klar wäre, um was es dabei eigentlich geht: die Bewahrung des Zustands einer Landschaft und nicht den Schutz für das Wirken der Natur. Die Polarisierung zwischen «Natur» und «Industrie» führt nicht zum Ziel einer guten, einer nachhaltigen Entwicklung. Denn «Industrie» hat ganz andere Auswirkungen auf die Entwicklung von «Natur», als weithin angenommen wird.

Die ländliche Idylle des 19. und frühen 20. Jahrhunderts bestand nicht isoliert von der Außenwelt. Sie wurde nur dadurch möglich, daß zur gleichen Zeit die Industrialisierung Mitteleuropas einsetzte. Nur dank der Fortschritte in der Industrie ließ sich das Ziel der nachhaltigen Bewirtschaftung der Wälder durchsetzen. Denn es gab nun beim immer stärker wachsenden Energiebedarf eine Alternative zum übermäßigen Holzverbrauch der Jahrhunderte zuvor. Aus der vorangegangenen Holzkrise des 18. Jahrhunderts, ob sie nun tatsächlich stattgefunden hatte oder lediglich, wie einige Chronisten meinten, eine Befürchtung gewesen war, ließ und läßt sich allerdings lernen: Holz als nachwachsender Rohstoff allein reicht nicht aus, die wachsende Menschheit mit der notwendigen Energie zu versorgen. Im Mittelalter, als Holz der einzige Rohstoff für die Energiegewinnung gewesen war, war der Brennstoff ja immer knapper geworden; es war zu einem Raubbau an den Wäldern gekommen.

Die mitteleuropäischen Wälder sind das beste Beispiel für ein Ökosystem, in dem Nachhaltigkeit verwirklicht werden konnte. In ihnen wuchs während der letzten Jahrzehnte mehr Holz heran, als zur gleichen Zeit genutzt wurde. Dies geschah aber, weil fossile, in überschaubaren Zeiträumen nicht nachwachsende Rohstoffe in die Dampfmaschinen geschaufelt und in Verbrennungsmotoren geleitet wurden. Die Nutzung von Kohle, Erdöl und Uran ist viel weniger nachhaltig als die Nutzung des nachwachsenden Rohstoffes Holz. Eine Energiekrise, die durch Mangel am nachwachsenden Rohstoff Holz ausgelöst wird, läßt sich auf die Dauer leichter beheben als eine Krise, die sich beim Versiegen einer Quelle fossilen Rohstoffes auftut und die uns früher oder später unweigerlich bedroht.

Nur über die Errungenschaften der Industrialisierung gelang im 19. und 20. Jahrhundert die Verkehrserschließung des flachen Landes, zunächst besonders durch die per Dampfmaschine betriebene Eisenbahn. Nur im Zusammenhang mit der Industrialisierung und der Gründung zahlreicher Fabriken mit ihren vielen Arbeitskräften entstand ein Nahrungsstrom vom Land in die Stadt, die es den Bauern erlaubte, ihre landwirtschaftlichen Produkte gewinnbringend an die städtische Bevölkerung zu verkaufen.

Industrieprodukte sind auch viele Düngemittel. Mit Dampfmaschinen ließen sich die Bergwerke betreiben, in denen Kalisalz abgebaut wurde. Über das Haber-Bosch-Verfahren gelang die Synthese von Stickstoffdünger. Phosphat ließ sich aus Thomasmehl gewinnen, einem Abfallprodukt der Eisenverhüttung. Die Düngemittel ließen sich mit der Eisenbahn auf das ganze Land verteilen, so daß überall genügend Kali-, Stickstoff- und Phosphordünger zu Verfügung stand. Für ein optimales Wachstum brauchen Kulturpflanzen unbedingt Kalium, Nitrat und Phosphat.

Ein weiterer Irrtum über die Industrialisierung ist die Ansicht, die Entstehung von Fabriken stehe am Anfang aller Umweltprobleme. So offensichtlich das angesichts von Rauch und Qualm, Gewässerverunreinigung und Tagebaugruben sein mochte und mag: Viele Umweltprobleme gab es schon längst zuvor, und durch die Industrialisierung erschlossen sich Möglichkeiten, die Umweltverschmutzung mit Hilfe technischer Verfahren in den Griff zu bekommen. Das Problem der Verunreinigung von Gewässern besteht seit der Entstehung der Städte mit ihrer Zusammenballung von Menschen und Gewerben. Vor allem bei der Aufbereitung von Metallen und der Gerberei zog die Akkumulation von Gewerbe schon längst vor der Industrialisierung große Probleme der Luft- und Gewässerverunreinigung nach sich. Mit den neuen technischen Möglichkeiten wurde es möglich, viele Probleme der Hygiene und der Verschmutzung zu lösen. Man begann, Kanalisationen zu schaffen, Kläranlagen zu bauen, die Müllabfuhr, Deponierung, Müllverbrennung, Beseitigung chemischer Abfallstoffe durch Filtern und Reinigen von Luft, Wasser und Boden einzuführen. Recycling wird gefördert. Im Gefolge der Industrialisierung konnten in allen genannten Bereichen erstaunliche Fortschritte erzielt werden. Verbesserungen im Umweltschutz sind heute ein wichtiges Ziel der Industrie, und Umweltschutztechnologie wurde zu einem bedeutenden Wirtschaftsfeld. Die Sauberkeit von Luft, Wasser und Boden nahm gegenüber den Zuständen im Mittelalter und in der ersten Zeit der Industrialisierung erheblich zu. Rhein und Ruhr, Bodensee und Elbe wurden lange Zeit erheblich verunreinigt und verkamen zu stinkenden Kloaken. Der Zustand ihres Wassers wird aber nun schon seit Jahrzehnten erheblich besser, so daß man in ehemals verdreckten Gewässern wieder baden kann, daß man dort gefangene Fische wieder verzehren und sogar Trinkwasser aus ihnen gewinnen kann. Die beim Umweltschutz zu berücksichtigenden physikalisch-chemischen Phänomene und Parameter lassen sich errechnen. Sie sind aus technischer Sicht in den Griff zu bekommen.

Ähnlich wie beim Wasser verlief die Entwicklung bei den Bemühungen um die Reinhaltung der Luft. Allerdings ist es in gewisser Weise kurios, auf welche Weise das Ziel, die Luft sauberer werden zu lassen, durchgesetzt wurde. Jahrzehnte nach Beginn der Industrialisierung stellte man fest, daß die Wälder durch Sauren Regen geschädigt würden. Die künstlich geschaffenen Ökosysteme der Forsten, ein wichtiger Teil der «heilen Welt» des 19. Jahrhunderts, waren vom Waldsterben bedroht! Der «deutsche Wald», der insgesamt mehr ist als ein bloßes Ökosystem, sondern an den sich eine ganze Kulturtradition knüpft, drohte zu verschwinden. Die Empörung über das Waldsterben führte in Deutschland und vielen anderen Ländern zu einer Neuausrichtung von Politik und Wirtschaft. Es wurden Umweltministerien geschaffen. Die Anstrengungen um Reinhaltung der Luft führten in wenigen Jahren zur technischen Entwicklung und zum allgemeinen Einbau von Katalysatoren oder Filteranlagen, zur Entwicklung von technischen Verfahren der Rauchgasentschwefelung für große Kraftwerke. Auf dem Feld dieser Technologien erreichte Deutschland eine weltweit führende Position.

Die Maßnahmen zur Luftreinhaltung wurden aber nicht in erster Linie ergriffen, um die Atemluft der Menschen zu verbessern. Man begründete sie damit, daß der Wald als Inbegriff von «Natur» Not litt. Dieser Wald, der angeblich starb, war großenteils nicht einmal durch natürliche Entwicklung entstanden, sondern Ergebnis der «Oeconomia naturae». Man hatte günstig verwertbare Monokulturen angelegt, sogenannte «Fichtenäcker», die lange nicht so widerstandsfähig waren wie der traditionelle Mischwald aus Laub- und Nadelholz.

Die Auswirkungen der Industrialisierung auf Tier- und Pflanzenarten sowie deren Populationen werden häufig falsch gesehen. Tiere und Pflanzen reagierten selbstverständlich auf die Veränderungen ihrer Umwelt, weil sich auch die Bedingungen von Streß und Konkurrenz veränderten. Angestammte Standorte bestimmter Arten von Organismen gingen beim Bau von Industrieanlagen verloren. Wenn man über den Verlust angestammter Standorte klagt, bedenkt man häufig nicht, daß zugleich auch neue Standorte für andere Arten von Pflanzen und Tieren entstanden. Der Standort Güterbahnhof ähnelt einem Geröllfeld im Gebirge. Von Geröllfeldern bekannte Organismen breiteten sich dort aus. An Straßen- und Bahndämmen gibt es warme Plätze, denn die Südseiten der Wälle sind der Sonne besonders stark ausgesetzt. Wärmeliebende Tiere und Pflanzen siedelten sich dort an. Durch den winterlichen Einsatz von Streusalz versalzten die Ränder von Straßen; Pflanzen, die zuvor nur an den Meeresküsten gewachsen waren, können daher nun auch im Binnenland vorkommen. Deponien von Klärschlamm sind reich an Mineralstoffen; Pflanzen, die auf die Versorgung mit zahlreichen Mineralstoffen angewiesen sind, breiten sich dort, aber auch an Gewässern aus, in die Mineralstoffe eingeleitet werden. Zu diesen Pflanzen zählen Staudenknöterich, Großes Springkraut und Riesenbärenklau.

Für eine Ausbreitung zahlreicher Tier- und Pflanzenarten sorgt auch die enorme Zunahme globaler Handelsbeziehungen. Diesen Aspekt der Globalisierung gibt es überall auf der Welt zu sehen. Die immer wieder geäußerte Vermutung, sich neu ausbreitende Tier- und Pflanzenarten würden die einheimische Flora und Fauna verdrängen, ist mit wissenschaftlichen Methoden nur schwer nachzuweisen.

In jeder Region, in der sich Industrie entwickelte, kam es zu starkem Wachstum der Bevölkerung. Weil zugleich der Wohlstand zunahm, stieg der Verbrauch an Ressourcen immens. Große Mengen an Menschen, an billigen Arbeitskräften, strömen vom Land in die Städte. In ihnen nimmt der Bildungsstandard eines Teils der Bevölkerung im Lauf weniger Generationen erheblich zu. Alle diese Indizien verweisen darauf, daß die Menschheit mit der Industrialisierung ein weiteres Mal Grenzen des Wachstums durchstoßen hat: Erneut setzte exponentielles Wachstum der Bevölkerung ein. Dies traf auf die klassischen Industrieländer im 19. und frühen 20. Jahrhundert zu und ist entsprechend in den später industrialisierten Ländern zu erkennen.

Keineswegs war aber die Industrialisierung der allererste Impuls zu einem außerordentlichen Wachstum der Menschheit, wie gelegentlich angenommen wird; vielmehr hatten schon die Einführung von Ackerbau und die verschiedenen Ausbreitungsprozesse der Kultur, die Einführung der Stadt als Wohnort usw. exponentielles Wachstum der Menschheit initiiert.

In der Tat zeigte sich aber eine neue Facette dieses Problems im Zeitalter der Industrialisierung: Seit der Wende vom 18. zum 19. Jahrhundert denkt man erheblich intensiver über das Bevölkerungswachstum nach. Der eingeschlagene Weg der Menschheit wurde und wird – einerseits – mit mathematischen Methoden analysiert: Thomas Malthus berechnete aus ähnlichem Antrieb am Ende des 18. Jahrhunderts wie der Club of Rome um Dennis Meadows in der zweiten Hälfte des 20. Jahrhunderts das exponentielle Wachstum von menschlicher Bevölkerung und Ressourcenverbrauch. Auf Grundlage der Mathematik war der Nachweis leicht zu führen, daß die vorausberechnete Zunahme der Bevölkerung bei abnehmenden Ressourcen zu einer Katastrophe führen müsse.

Es war stets leicht, dieses Problem in die Öffentlichkeit zu tragen. Man brachte das, was auf naturwissenschaftlicher Grundlage ermittelt worden war, in Verbindung mit der offensichtlichen Alltagserfahrung der Zerstörung des wiedergewonnenen ländlichen «Paradieses auf Erden» durch Industrie, Verkehr und Siedlungen sowie mit den Emotionen, die dieser Verlust hervorrief. Die sich darauf gründende Ökologiebewegung beruht einerseits auf mathematischen bzw. naturwissenschaftlichen Grundlagen, andererseits auf Emotionen. Naturwissenschaft und Emotionen gingen eine Koalition ein. Dabei wurden aber Überlegungen, die auf exakt ökologischer, biologischer Grundlage stehen, ausgeklammert.

Die sogenannte Ökologiebewegung bedenkt nicht, daß wissenschaftlich-technischer Fortschritt und demographische Entwicklungen die Lage der Menschheit und die Lage der Umwelt stets verändert haben, daß Umwelt und Natur veränderlich sind. In der Vergangenheit wurden Grenzen des Wachstums immer wieder durch neue Techniken überwunden. Dies ist, so könnte man aus den Wachstumskurven der Bevölkerung und des Wohlstandes ableiten, auch für die Zukunft zu erwarten. Allerdings: Irgendwo werden Grenzen für das Wachstum von

Menschheit, Wohlstand und Technologie liegen, die unter keinen Umständen zu durchbrechen sind. Auf diese Tatsache muß sich die Menschheit einstellen. An den Verlust der ländlichen Idylle des 19. und frühen 20. Jahrhunderts darf man diese Erkenntnis allerdings nicht knüpfen, denn die ländliche Idylle der «guten alten Zeit» ist kein Antipode der Industrie, sondern eine ihrer Begleiterscheinungen.

Wo die Industrie «Narben» hinterlassen hat, treten viele Menschen für eine Renaturierung ein, für eine Schaffung von «Natur aus zweiter Hand» durch den Menschen. Aber auch dabei kommt es zu problematischen Fehleinschätzungen des Charakters von Natur und Industrie oder Technik. Natur läßt sich nicht schaffen; höchstens läßt sich ein Park gestalten. Vom Prinzip her ist die Schaffung von Parks in der frühen Neuzeit, als man die Folgen von Übernutzung des Landes im Mittelalter beseitigen wollte, tatsächlich nichts anderes als das, was nach industrieller Nutzung geschieht: Es wird ein Stück Landschaft gestaltet. Wenn man heute Entsprechendes macht, will man Natur schaffen. Der Anspruch ist vermessen. Natur läßt sich weder schaffen noch wiederherstellen. Sie besteht und kann sich nur von selbst entwickeln. Eine spontane Entwicklung von Natur ist auf Flächen, die von der Industrie verlassen wurden, durchaus möglich; sie wird aber durch jegliche Gestaltung des Landes behindert. Sie ist freilich nicht «verboten». Man kann selbstverständlich aus ehemaligem Industriegelände einen Park machen und dabei ein kulturelles, ein ästhetisches Ziel verwirklichen. Die Fehleinschätzungen zu Natur, Technik und Industrie führen aber dazu, daß man das bei der Behandlung von «Industriefolgelandschaften» zu wenig berücksichtigt – und sich eher einer angeblich naturwissenschaftlichen Notwendigkeit unterordnet, die einem den Impetus gibt, handeln zu müssen. Diese Notwendigkeit besteht allerdings fast nie.

Nachhaltigkeit wird oft aus einem falschen Blickwinkel gesehen. Die «Natur» des 19. Jahrhunderts war nicht von selbst, automatisch nachhaltig, und Industrie und Technik, Fortschritt und Reichtum stehen der Verwirklichung von Nachhaltigkeit nicht immer entgegen. Natürliche Nachhaltigkeit gibt es nicht, weil Natur sich ständig verändert. Nachhaltigkeit ist ein kulturelles Ziel, mit dem wir uns für die Bewahrung eines bestimmten Zustandes in unserer Umwelt entscheiden. Naturwissenschaftlich läßt es sich nicht begründen.

Kapitel 17 *Die Utopie vom dauerhaften Naturschutz*

Viele Menschen sind, obwohl sie industriell gefertigte Erzeugnisse nutzen, Gegner der «Industrie» mit allen ihren Begleiterscheinungen. Sie sind der Ansicht, daß Natur beständig sei, der Mensch mit seiner sich rasch wandelnden Kultur aber verändernd in die Natur eingreife. «Industrie» und technische Innovationen seien Symbole für die Bedrohung der Natur.

Diese Einschätzung besteht nicht nur, weil man den Verlust bäuerlicher Idylle durch Industrie und Technik beklagt, sondern sie wurde durch didaktische und angeblich wissenschaftliche Konzepte gestützt. Naturphänomene wie die Tier- und Pflanzenarten, die Landschaften oder die Gesteine, lernt man als statische Größen kennen: Auf Aspekte von Dynamik wird an Schulen und anderen Lernorten selten eingegangen, im Biologieunterricht sogar noch seltener als im Physikunterricht. Schüler erfahren mehr über die Geschichte des Universums als über die Geschichte des Lebens auf der Erde. Evolution wird oft als zielgerichtet dargestellt, ihr Ziel sei der heutige Zustand. Ein Organismus sei aus einem anderen hervorgegangen: Der Mensch stamme vom Affen ab – eine «Weisheit», die nicht auszutreiben ist, obwohl man doch wissen müßte, daß sie nicht richtig ist. Vielmehr haben heutige Menschen und heutige Affen lediglich identische Vorfahren. Auf die Evolution bestimmter Affenarten wirkte eine stabilisierende Selektion und Evolution ein, auf die Entwicklung zum heutigen Menschen eine stärker gerichtete Selektion.

Ähnlich «schräg» sind Formulierungen, ein Organismus habe sich «angepaßt» oder habe «seine ökologische Nische» gefunden. Dabei wird zwar deutlich, daß Veränderungen eine Rolle gespielt haben, nicht aber daß die Dynamik der Evolution über die Gegenwart in die Zukunft führt. Es wird immer wieder suggeriert, daß Evolution abgeschlossen sei, was nicht richtig ist.

Allgemeines über Veränderungen lernt man eher in geisteswissenschaftlichen Fächern, vor allem im Geschichtsunterricht. Aus ihm können als Folgerungen gezogen werden: Veränderungen der Welt gehen vom Menschen aus. Und: Geschichte wird weiterführen, in ihrem Verlauf werden sich auch in Zukunft Veränderungen ergeben. Historische Aspekte bewegen ferner Literaturwissenschaftler und Philosophen, sie sind wichtig für Kunst- und Musikgeschichte. Allerdings wird im Unterricht geisteswissenschaftlicher Fächer nicht beachtet, daß es bei historischen oder kulturellen Veränderungen auch darum gegangen sein könnte, Phänomene der Ökologie oder der Auseinandersetzung mit der Natur besser in den Griff zu bekommen. Bei der Darstellung historischer Veränderungen geht man vorwiegend vom Machtbedürfnis einzelner Herrscher aus. Wirtschaftsmagnaten handelten nach den Lehrmeinungen, die das allgemeine Wissen beeinflussen, eher im persönlichen Interesse als im Interesse der Menschheit, auch wenn sie durch ihre innovative und unternehmerische Tätigkeit dazu verhalfen, Wachstumsgrenzen zu durchstoßen.

In der biologischen und insbesondere der jungen ökologischen Wissenschaft standen statische Aspekte wie die Erfassung der Phänomene zunächst im Vordergrund. Nachdem man im 18. und 19. Jahrhundert begonnen hatte, Landschaften als Typen zu beschreiben, setzte sich bald die Erkenntnis durch, daß sich unter ähnlichen Wuchsbedingungen, entsprechenden Klima- und Bodenverhältnissen, immer wieder die gleichen oder ähnliche Organismen an einem Standort einfinden: Im Gebirge kommen ähnliche Gewächse vor wie in arktischen Breiten. An warmen Südhängen besteht eine andere Vegetation als an den kalten Nordhängen von Bergen oder Gebirgen. Die Vegetation der Südhänge ähnelt derjenigen viel weiter südlich gelegener Regionen, die der Nordhänge entspricht der Pflanzenwelt, auf die man weiter im Norden trifft. Fasziniert durchstreiften die Naturkundler die Gebirge der Welt und stellten deren Höhenprofile dar. Albrecht von Haller, Schweizer Naturkundler und Dichter, hielt die Schweiz für Europa im Kleinen, weil er an den Hängen der Alpen sowohl typisch mitteleuropäische als auch südliche und arktische Gewächse fand. Alexander von Humboldt sah in den höchsten Gebirgen der Tropen sogar die ganze Welt im Kleinen. Nach seinen Angaben wurden zahlreiche Höhenprofile der Landschaften an Berghängen gezeichnet. Sie sind im Atlas zu seinem Monumentalwerk *Kosmos – Entwurf einer physischen Weltbeschreibung* enthalten.

Die Vegetation, auf die man traf, wurde typisiert und kartiert. Die Typen erhielten griffige Namen, und sie wurden in ein System eingeordnet. Die Wissenschaftsrichtung, die dieses unternahm, ist die Pflanzensoziologie. Ihre Basis ist nicht nur die Erfassung der Pflanzenarten; es wird auch die Häufigkeit jeder einzelnen Pflanzenart auf einer Untersuchungsfläche abgeschätzt. Daraus wird der Vegetationstyp ermittelt.

Weil man festgestellt hatte, daß sich unter ähnlichen Bedingungen ähnliche Vegetation einstellte, war man der Ansicht, daß man durch pflanzensoziologische Untersuchungen auch herausbekommen könne, welche Vegetation an jedem Standort die natürliche sei. Da es in der Pflanzensoziologie zunächst nur darum ging, den aktuell zu beobachtenden Pflanzenbestand zu erfassen, spielten Überlegungen zum Wandel von Vegetation keine Rolle: Man sah den Pflanzenbestand und erfaßte ihn. Der Begriff «Bestand» ist bezeichnenderweise doppelt zu deuten: Ein Pflanzenbestand ist die Vegetation, die man an einem Standort vorfindet; es wird aber zugleich damit impliziert, daß diese Form von Pflanzengemeinschaft auf längere Sicht bestehen bleibe.

Basierend auf diesen Überlegungen entwickelte zu Anfang des 20. Jahrhunderts der Amerikaner Frederic E. Clements das Klimax-Konzept. Es wurde grundlegend für das Anliegen des Naturschutzes. Das Klimax-Konzept geht davon aus, daß es eine konkrete und typische Form von Vegetation gibt, die sich unter bestimmten Klima- und Bodenbedingungen an jedem Standort einstellt und dann stabil ist. Der deutsche Biologe Reinhold Tüxen bezeichnete sie später als «Potentielle natürliche Vegetation». Sie soll sich unmittelbar nach dem Ende des menschlichen Einflusses an einem bestimmten Standort entwickeln. Den Wissenschaftlern war klar, daß es dabei um die Projektion eines Naturbildes, eine Spekulation ging, sie waren nicht unbedingt der Ansicht, daß auf diese Weise eine «sichtbare Realität» zu schaffen sei. Doch unter den Anwendern der Methode galt die von Reinhold Tüxen und anderen weiterentwickelte und in Deutschland besonders gut etablierte

Pflanzensoziologie bald als Schlüsselwissenschaft, die zur Erkennung der «richtigen Natur» führe.

Diese Ansicht liest man in dem Buch *Naturschutz. Eine nationalpolitische Kulturaufgabe* des Forstpolitikers Arnold Freiherr von Vietinghoff-Riesch, das aus seiner Habilitationsschrift von 1936 hervorgegangen war. Nach der Anführung eines Mottos aus der Bibel («Ich will einen Bund machen mit den Tieren auf dem Felde, mit den Vögeln unter dem Himmel und mit dem Gewürm auf Erden und will sie sicher wohnen lassen; Hosea 2,20») heißt es darin: «Es ist unsere tiefste Überzeugung, daß die Pflanzensoziologie als Wegbereiterin einer neuen Naturvollkommenheit, eines umfassend und neugeschauten Naturschutzes eine hohe Bestimmung zu lösen hat. Diese Wissenschaft weist uns ja den Weg, den jede Pflanzengesellschaft entwicklungsmäßig bis zu ihrem Vollendungsstadium (Klimax) nimmt; sie gibt damit auch die Diagnose für den Natürlichkeitswert eines jeden Waldbildes. [...] Die Pflanzensoziologie ist daher die natürliche Verbündete des Naturschutzes und somit der Forstpolitik, sie besitzt den Schlüssel für die Beurteilung menschlicher Eingriffe in das vegetative Waldleben.»

Die Pflanzensoziologie wurde von politischer Seite falsch eingeschätzt. Sie ist eine Methode, im Gelände erfaßte Pflanzenbestände miteinander zu vergleichen. Aber sie ist nicht geeignet, den Grad der Natürlichkeit einer bestimmten Vegetation festzulegen. Denn dazu müßte vor allem die Dynamik der Natur beachtet werden. Die Ansicht, man könne mit pflanzensoziologischen Methoden die Natürlichkeit von ganzen Landschaften bestimmen, war bei Gegnern der Industrialisierung willkommen. Wenn man erkennen konnte, was Natur war, mußte das doch dem Interesse übergeordnet werden, einen Industriebetrieb zu errichten oder eine andere Form der innovativen Landnutzung zu beginnen! Man rief immer lauter nach gesetzlichen Bestimmungen, die der Staat gegen die «Naturzerstörung» erlassen sollte.

Das Verlangen nach einem Naturschutzgesetz wurde in Deutschland bezeichnenderweise schließlich von den Nationalsozialisten erhört. Unter ihrer Regierung wurden umfassende gesetzliche Regelungen zum Naturschutz erlassen. Der Naturschutz als Instrument, Strukturen zu bewahren, die nicht verändert werden durften, stand im Einklang mit traditionellen nationalistischen Elementen in der NS-Ideologie. Geschützt werden sollte diejenige Natur, die im Lauf der Jahrtausende geworden war und sich nun angeblich nicht mehr veränderte. Es bestand kein Zweifel darüber, wie diese Natur aussah. Aus wissenschaftlichem Blickwinkel ließ sich das mit pflanzensoziologischen Methoden erforschen. Wenn man über den Naturschutz einen Status quo in der Landschaft festschrieb, hatte man außerdem ein Instrument gegen privatwirtschaftliche Expansion in der Hand, die man einschränken wollte.

Trotz der erlassenen Bestimmungen zum Naturschutz setzten die Nationalsozialisten große Bauprojekte durch: Autobahnen wurden geschaffen, es entstanden zahlreiche militärische Anlagen mitten in der «Natur», Anlagen der Rüstungsindustrie und Städte wurden auf dem Reißbrett geplant und anschließend gebaut. Doch dabei wurde ein neues Verhalten gegenüber der «Natur» praktiziert: Bevor man zu bauen begann, wurden die Baugebiete pflanzensoziologisch untersucht. Die «potentielle natürliche Vegetation» wurde festgestellt, so daß sie nach Beendigung der Baumaßnahmen neben Autobahnen, Militäranlagen, in Städten und sogar am Rand von Konzentrationslagern «wiederhergestellt» werden konnte. So war das Gebaute nicht nur vor den Bewohnern des eigenen Landes und der feindlichen Luftaufklärung getarnt, sondern es wurde auf totalitäre Weise ein angeblicher Kompromiß zwischen Ökologie und Ökonomie hergestellt.

Nach dem Zweiten Weltkrieg bestand das Naturschutzgesetz weiter. Zwar wurde es mehrfach abgeändert und ergänzt; doch es blieb dabei: Die Kernaussage, Natur sei zu schützen, blieb gesetzlich geregelt. Daß dabei weiterhin von einer statischen, sich nicht wandelnden Natur ausgegangen wurde, zeigt sich unter anderem daran, daß man die Praxis der pflanzensoziologischen Kartierung vor Baumaßnahmen und die anschließende «Neupflanzung» von «potentieller natürlicher Vegetation» am Straßenrand und vor öffentlichen Gebäuden jahrzehntelang beibehielt.

Noch immer wird nur selten bemerkt, daß die Regelungen des Naturschutzgesetzes den Gesetzen der Ökologie entgegenstehen. Die Gesetze der Natur, die den Wandel einschließen, sind jedoch auf jeden Fall mächtiger als ein staatliches Naturschutzgesetz. Natur, auch die geschützte, wandelt sich. Dies aber ist von denjenigen, die das Gesetz bejahen, oft gar nicht erwünscht: Sie wollen nicht den Wandel, sondern meist das Festhalten an einem Zustand. Welchen Zustand wollen sie schützen? Denkbar sind viele, doch «Natur» ist keiner davon, denn Natur enthält das veränderliche Prinzip. Naturschützer haben ein Bild der statischen Natur vor Augen und gestalten es als Gärtner der Wildnis: Wie viele Wacholderbüsche sollen in einer geschützten Heide stehen bleiben? Welche Bäume fällt man im Hudewald? Bäume welcher Arten pflanzt man im Wald? Welche Tiere bejagt man, welche nicht? Wie hoch sind die Abschußzahlen von Wild? Wie viele Schafe sollen eine Heide beweiden? Welche Unkrautarten werden auf einem Acker gefördert, welche nicht?

Wenn man wirklich Natur schützen will, sind Antworten auf diese Fragen nicht möglich; sie haben niemals absolute Gültigkeit. Ökologen, die sich mit den Grundlagen ihres Faches verbunden fühlen, können sie nicht beantworten. Gleichwohl finden sich immer wieder «Experten», die Antworten auf solche Fragen parat haben, auch wenn sie – bedenkt man die Zusammenhänge – wissenschaftlich grundsätzlich nicht haltbar sind.

Neuere Regelungen zum Naturschutz sind nicht auf dem Boden der Ökologie entwickelt worden. Sie betreffen häufig die Abgrenzungen und Erweiterungen von Ökosystemen und Biotopen. Aus ökologischer Sicht sind Schutzgebiete jedoch nicht begrenzbar. Man kann sie zwar typisieren, aber Ökosysteme und Biotope sind nicht deswegen unter Schutz zu stellen, weil sie einem bestimmten Typ zugeordnet werden können, sondern weil sie einmalig sind – wie ein Denkmal. Außerdem sollen Biotope durch einen Biotopverbund miteinander verknüpft werden, obwohl nicht klar ist, ob die Tiere und Pflanzen tatsächlich einen solchen Verbund brauchen: Nützt es ihnen, wenn man Korridore zwischen den Orten ihres Vorkommens schafft?

Dies alles steht im Zusammenhang mit einer Richtlinie der Europäischen Union, nach der generell zehn Prozent der Landesfläche unter Schutz zu stellen ist. Eine solche Zahl ist ohne vernünftigen ökologischen Grund gewählt worden. In der Praxis stellt sich heraus, daß solche quantitativen Forderungen eingesetzt werden, wenn man Nutzer von Landschaften unter Druck setzen will; es geht nicht vorrangig um sachliche Gründe, sondern um politische. Wehren sich die Landnutzer, läßt sich leicht mit suggestivem Unterton die Frage stellen: Sollten wir denn nicht wenigstens zehn Prozent unserer Landesfläche für die Natur übrig haben? Nein, so muß aus ökologischer Sicht geantwortet werden, die Abgrenzung von einer beliebig großen Fläche, auf der Naturschutz betrieben wird, gegenüber einer Fläche, wo dies nicht der Fall ist, hat keinen ökologischen Sinn. Die Abgrenzung besteht in der Realität unserer Umwelt nicht. Schließlich haben wir uns für die positive Entwicklung des ganzen Landes einzusetzen. Es wird darauf zurückzukommen sein, wie dies geschehen könnte, ohne weiterhin den Absolutheitsanspruch, Natur zu schützen, den Landnutzern entgegenzuhalten.

Mit gesetzlichen Regelungen zum Naturschutz wird der Auftrag verbunden, Industriefolgelandschaften zu «renaturieren», wenn sie nicht mehr gebraucht werden, um auf diese Weise die «Narben der Industrie» zu beseitigen. Komplette Renaturierung ist eine Illusion. Sie würde bedeuten, daß man sämtliche Eingriffe der Industrie ungeschehen machen könnte. Bei jeder Gestaltung in einer Industriefolgelandschaft werden Lebensgemeinschaften beseitigt, die sich nach dem Ende der technischen Nutzung spontan, also natürlicherweise, angesiedelt haben und die sich nun in einer natürlichen Sukzession weiterentwickeln.

Bereits in prähistorischer Zeit konnte die Vegetation, die sich nach der Aufgabe von Siedlungen und Ackerflächen etablierte, anders sein als diejenige, die zuvor bestanden hatte. Das ist die interessante Folgerung, die sich aus der Ausbreitung der Buche in vorgeschichtlicher Zeit ziehen läßt. Im Prinzip geschieht nichts anderes nach der Aufgabe von Industrieanlagen: Die sich neu einfindende Vegetation und Tierwelt muß keineswegs derjenigen gleichen, die zuvor am Standort vorgeherrscht hatte – und sie kann dies auch prinzipiell nicht, weil der Standort durch die industrielle oder anderweitige Nutzung gegenüber den ursprünglichen Verhältnissen erheblich verändert wurde.

Ökologisch unsinnig ist auch die Forderung, daß Umweltzerstörungen oder -beeinträchtigungen an der einen Stelle von Ausgleichsmaßnahmen an einem anderen Ort begleitet werden müssen. Damit ist kein Vorteil für die Natur und vor allem nicht für die Landschaft verbunden.

Denn Ausgleichsmaßnahmen führen, wenn schon die Umwelt an dem einen Ort «zerstört» worden ist, auch an den zum «Ausgleich» veränderten Orten zu einem Abbruch einer natürlichen Entwicklung und zu einer Zerstörung von gewachsener (oder nachgewachsener) Landschaft. Wer auf derartigen Regelungen beharrt, handelt nicht nur gegen die Wirtschaft und die von ihr abhängigen Menschen, sondern auch gegen das Prinzip der Dynamik von Natur. Dem Bestand von schützenswerten Erscheinungen der Natur, von Organismenarten und Landschaften, ist auf diese Weise nicht gedient.

Seit Jahrzehnten vertritt die Ökologiebewegung Konzepte zum statischen Schutz von Natur. Sie erreicht immer noch einen Teil der Bevölkerung, doch die Zahl der Menschen, an denen sie völlig vorbeigeht, wächst. Viele von denen, die von den Gedanken der Ökologiebewegung nicht erreicht werden, sind allerdings auch häufig nicht an Fragen und Erscheinungen der Natur interessiert. Oder Natur findet für sie nur an exotischen Stränden im Urlaub statt. Ein großer Teil der heutigen Gesellschaft hat sich von Problemen der heimischen Natur und Landschaft verabschiedet. Es ist notwendig, sie dafür wieder zu begeistern. Über Argumente, die der wissenschaftlichen Ökologie widersprechen, wird dies nicht möglich sein. Es sind neue Wege zu finden.

Kapitel 18 *Die Entwicklung unter Berücksichtigung der Nachhaltigkeit*

In ökologischer Hinsicht ist die Situation jedes einzelnen Menschen und der Menschheit insgesamt heute prinzipiell die gleiche wie bereits vor mehr als 10 000 Jahren: Die Natur verändert sich, und der Mensch plant stabile Strukturen gegen die Natur, um besser überleben zu können. Wenn man sich heute bessere Lebensbedingungen wünscht, denkt man nicht mehr allein an das Bevölkerungswachstum. Ebenso große Bedeutung hat die Verbesserung der Lebensqualität. Der Hunger in der Welt ist zu besiegen, und jeder Mensch braucht ein Selbstwertgefühl, das nicht allein durch die Herstellung des gleichen Wohlstandes aufgebaut wird; jedem Menschen soll deutlich sein, daß er ein Individuum ist.

Je sicherer und besser die Lebensbedingungen sind, je mehr Menschen davon profitieren, desto weiter hat sich Homo sapiens von seinen ursprünglichen ökosystemaren Einbindungen zur Zeit der Einführung des Ackerbaus entfernt. Doch die Dynamik der Natur bedroht ihn weiterhin; das natürliche Prinzip der Veränderung macht sich immer wieder in fataler Weise bemerkbar: Vulkane brechen aus, die Erde bebt, dadurch werden Tsunamis ausgelöst, gewaltige Wellen, die Küstenlandstriche überspülen. Es kommt immer wieder zu Sturmfluten, Flüsse treten über die Ufer, Lawinen gehen nieder. Das dynamische Prinzip der Natur zerstört immer wieder Leben. Man braucht immer mehr kulturelle Initiativen, die wirtschaftliche sowie soziale Aspekte und auch die Innovationen einschließen, um zu überleben. Vor allem ist komplexes Denken gefragt, die Einsicht jedes einzelnen in die Zusammenhänge der Natur und der Existenz des Menschen.

Die heutige politische Ökologiebewegung irrt, wenn sie meint, sie könne die Zukunft der Menschheit gestalten, indem sie den Fortschritt nach ihren Kriterien lenkt. Wirtschaftliche und technische Innovationen standen der Zukunft der Menschheit nie im Wege; das zeigt der

Blick auf die vergangenen Jahrtausende. Stillstand in der Entwicklung aber kann zur Bedrohung werden, erst recht der Rückschritt. Vor mehr als 10 000 Jahren hat die Menschheit den Weg kultureller Innovationen eingeschlagen, welche Entwicklung ermöglichen. Zweifellos wird sie auch in Zukunft daran festhalten. Nicht ein fehlender Rohstoff, eine bestimmte «Naturkatastrophe» oder ein sich ändernder Klimaparameter wird die Existenz der Menschheit gefährden, sondern ihr eventuelles Unvermögen, mit krisenhaften Situationen fertig zu werden. Diese Feststellung läßt sich auch ökologisch ausdrücken: Wichtig ist die Fähigkeit der Menschen, Bedingungen des Distreß zum Eustreß zu wandeln, um in Zukunft besser überleben zu können.

Die Notwendigkeit einer Form von Entwicklung, bei der das Ziel der Nachhaltigkeit zu berücksichtigen ist, wird im Konzept des «sustainable development» zum Ausdruck gebracht. Dieser Begriff wird im Deutschen gemeinhin mit «Nachhaltige Entwicklung» übersetzt. Diese Übersetzung ist ein Widerspruch in sich: Etwas, das in Entwicklung begriffen ist, kann nicht zugleich nachhaltig sein. Etwas Dynamisches kann nicht zugleich verharren. Gemeint ist mit diesem Begriff vielmehr eine Entwicklung vor dem Hintergrund oder unter Berücksichtigung von Aspekten der Nachhaltigkeit. Das Konzept hierfür geht auf die sogenannte Brundtland-Kommission zurück. Unter der Leitung der früheren norwegischen Ministerpräsidentin Gro Harlem Brundtland erarbeitete eine «Weltkommission für Umwelt und Entwicklung» ein Programm für die Zukunft der Menschheit. In der 1987 erschienenen Denkschrift wird «sustainable development» definiert als «Entwicklung, die die Bedürfnisse der Gegenwart befriedigt, ohne zu riskieren, daß künftige Generationen ihre eigenen Bedürfnisse nicht mehr befriedigen können».

Grundsätzlich ist es positiv zu bewerten, daß die Brundtland-Kommission die Menschheit ermahnte, bei ihrer weiteren Entwicklung auf Nachhaltigkeit zu achten. Dieses Ziel ist im Grunde genommen sehr alt, war aber im Zeitalter der Industrialisierung mit ihren enormen Entwicklungsschüben vernachlässigt worden. Zwar hatte man seit dem 19. Jahrhundert unter Gesichtspunkten der Nachhaltigkeit viele Wälder wieder aufgebaut und anschließend bewirtschaftet, doch um den Preis, daß zur Deckung des Energiebedarfs fossile Rohstoffe verwendet werden mußten. Ihre verfügbare Menge ist zwar nicht bekannt, aber auf jeden Fall endlich. Der Verbrauch an fossilen Rohstoffen, der bei der Etablierung der Nachhaltigkeit hilfreich war, muß erheblich zurückgehen.

Nach der Veröffentlichung des Berichtes der Brundtland-Kommission fanden mehrere internationale Konferenzen, sogenannte Umweltgipfel, statt, auf denen über Entwicklungsziele der Menschheit beraten wurde. Ins Zentrum der Debatten rückte das Problem der Erwärmung des Klimas in den letzten Jahrzehnten, der sogenannte «Global Change». Die Debatten gingen auf die weitverbreitete Ansicht ein, das Klima werde dadurch verändert, daß seit dem Beginn der Industrialisierung mehr Kohlendioxid und andere Treibhausgase in die Atmosphäre gelangt sind als zuvor. Kohlendioxid wird unter anderem bei Verbrennungsvorgängen freigesetzt, aber bei weitem nicht nur dort; es bildet sich im Verlauf des Atmungsprozesses in jedem Organismus. Treibhausgase in der Atmosphäre schirmen erdnahe Luftschichten ab, so daß Strahlung nicht mehr reflektiert wird. Die Erdoberfläche kann sich dadurch erwärmen.

Eine Erwärmung der Erdoberfläche im Zeitalter der Industrialisierung ist nachgewiesen. Doch läßt sich kaum mit letzter Sicherheit beweisen, daß ein Zusammenhang zwischen der Emission von Treibhausgasen und der Erdoberflächenerwärmung besteht. Denn es hat in den letzten Jahrhunderten und Jahrtausenden immer wieder Phasen gegeben, in denen die Temperaturen an der Erdoberfläche noch höher lagen als gegenwärtig, ohne daß Emissionen von Treibhausgasen dafür verantwortlich gemacht werden könnten. Klimaparameter sind wie alle anderen Standortparameter keine Konstanten, sondern es gab in den letzten Jahrtausenden einen immerwährenden Wechsel zwischen wärmeren und kälteren Perioden. Es ist eine grundsätzliche Tatsache der Ökologie, daß das Klima als Erscheinung der Natur stets Schwankungen unterworfen ist.

Mit mathematischen Methoden ließ sich in den letzten Jahren errechnen, daß es zu dramatischen Veränderungen des Klimas auf der Erde kommen könnte, wenn die Treibhausgase weiterhin in einem

Maße wie bisher an die Atmosphäre abgegeben werden. Das ist zwar letztlich nicht zu beweisen, aber als Befürchtung ernst zu nehmen. Solche Berechnungen können und sollen die Menschheit aufrütteln. Aber beim Vergleich der Prognosen mit den tatsächlichen Entwicklungen in den letzten Jahrhunderten zeigte sich, daß Modellrechnungen in keinem Fall als Vorwegnahme von Realität zu verstehen sind. Sie können aber darauf hinweisen: Wachstumsgrenzen für die Menschheit könnten erreicht werden; Maßnahmen sind zu ergreifen, um einer krisenhaften Entwicklung entgegenzusteuern.

In der Sorge um das Weltklima verfaßten Delegierte aus aller Welt das sogenannte Kyoto-Protokoll. Man einigte sich darauf, die Emissionen von Kohlendioxid und fünf anderen Treibhausgasen im Zeitraum von 2008 bis 2012 um 5,2 Prozent zu senken. Diese sehr detailliert angegebene Maxime suggeriert, sie sei errechnet worden. Wird diese Forderung erfüllt, so denkt man weiter, kann das Erdklima und damit unsere Zukunft gerettet werden. Der Gedankengang ist aber von Anfang an nicht richtig, weil man auf der Basis der ökologischen Wissenschaft eine derart exakte Zahl der Emissionsminderung gar nicht ermitteln kann. Möglicherweise sind die Bestimmungen des Kyoto-Protokolls zu streng oder zu lasch; wenn die Zusammenhänge zwischen Kohlendioxid-Emissionen und der Erwärmung des Klimas tatsächlich so bestehen, wie vermutet wird, müßten möglicherweise die Mengen an Treibhausgasen, die in die Atmosphäre geblasen werden, noch erheblich stärker eingeschränkt werden.

Allen denjenigen, die eine Akkumulation von Treibhausgasen in der Atmosphäre als das zentrale Problem der Umweltpolitik ansehen, muß klar sein, daß als Alternative eine Form der Energieerzeugung aus fossilen Rohstoffen sofort zur Verfügung steht: die Nutzung der Kernenergie. Zwar sind auch die Mengen an Uran und anderen radioaktiven Rohstoffen auf der Erde begrenzt; erzeugt man aber mit ihnen Energie (was für eine lange Zeit möglich wäre), läßt sich das Weltklima effizient schützen: Bei der Nutzung der Kernenergie wird kein Kohlendioxid freigesetzt.

Mit der Fokussierung auf das Problem der Erwärmung des Klimas und auf das Kyoto-Protokoll, das von vielen Staaten unterzeichnet wurde, nicht aber von den USA, dem größten Produzenten von Treibhausgasen, ist die gesamte Debatte um die Nachhaltigkeit in eine ungünstige und ungute Richtung verschoben worden, und zwar aus mehreren Gründen. Es wird damit der Eindruck erweckt, Entwicklung unter Berücksichtigung der Nachhaltigkeit sei dann möglich und nicht wider die Natur, wenn errechnete Grenzwerte eingehalten werden. Nachhaltigkeit ist aber nicht berechenbar; sie ist kein Merkmal von natürlichen Entwicklungen. Der größte Fehler aber, der bei den Debatten um den Klimaschutz gemacht wird, besteht darin, daß man nur einen solchen Weg in die Zukunft aufzeigt, der von oben, durch Verordnung, diktiert wird. Eine Entwicklung unter Berücksichtigung von Nachhaltigkeit kann jedoch nur dann stattfinden, wenn alle Staaten und jeder einzelne Verbraucher von Energie sie befürworten. So weit sind wir aber längst noch nicht. Als Beobachter der Debatten um Nachhaltigkeit gewinnt man vielmehr den Eindruck, daß dabei Konflikte einzelner Regierungen mit ihrer Industrie ausgetragen werden und das Problem ins Politische abgleitet. Technik- und Fortschrittsfeindlichkeit spielen offensichtlich eine zu große Rolle. Das Festsetzen eines genauen Prozentwertes, um den die Emissionen gesenkt werden müssen, ist ein planwirtschaftliches Instrument. Den Befürwortern müßte aber eigentlich klar sein, wie sehr in den vergangenen Jahrzehnten die Planwirtschaft der Innovation und der Umwelt geschadet hat. Der Wirkungsgrad planwirtschaftlich betriebener Fabriken war und ist gering, ihr Einsatz an fossilen Rohstoffen hoch und die Menge an Emissionen enorm. Die Einführung eines planwirtschaftlichen Elementes ist daher kontraproduktiv, wenn es um die Zukunft der Menschheit geht.

Um über die Absicht einer Entwicklung in Nachhaltigkeit kompetent debattieren zu können, müßte zunächst der Erfahrungsschatz von Menschen, die einen engen Kontakt zur Natur und ihrem Wandel haben, berücksichtigt werden. Waldbesitzer, Landwirte, Jäger und Fischer handeln seit Jahrtausenden nach dem Ziel der Nachhaltigkeit, des zentralen Gesichtspunktes im Bericht der Brundtland-Kommission: Ihnen allen geht es um eine «Entwicklung, die die Bedürfnisse der Gegenwart befriedigt, ohne zu riskieren, daß künftige Generationen ihre eigenen Bedürfnisse nicht mehr befriedigen können» – oder es sollte so sein.

Entscheidungen über Nachhaltigkeit in der Zukunft sind nicht nur Sache von Politik und Wirtschaft; sie fallen auch immer wieder im alltäglichen Leben an, wobei jeder zur Mitwirkung aufgerufen ist. Besonders wichtig ist der Umgang mit Energie. Jedes Drosseln der Heizung spart Ressourcen. Es gibt zahlreiche Verfahren, in Gebäude Wärmedämmungen einzubauen. Es sollte jede Möglichkeit, fossile Energie zu sparen, genutzt werden.

Zahlreiche Entscheidungen stehen täglich bei der Auswahl von Nahrung an. Wer täglich billiges Fleisch ißt, kann sich nicht prinzipiell gegen Massentierhaltung wenden. Würden mehr Mahlzeiten allein aus pflanzlichen Produkten bestehen, würde weniger Fleisch verbraucht und erzeugt. Das Viehfutter von heimischen Grünlandbereichen würde dann ausreichen, Soja aus tropischen Ländern müßte nicht mehr importiert werden. Man sollte überhaupt auf die Transportwege achten. Sie verteuern die Lebensmittel und können ihre Qualität beeinträchtigen.

Besonders wichtig ist ferner die Abfallvermeidung. Es sollte nur so viel eingekauft werden, wie auch verbraucht wird. Wenn Abfälle nicht zu vermeiden sind, können sie als Rohstoffe wertvoll sein. Es gibt zahlreiche Formen der Mülltrennung und Müllverwertung; es ist wichtig, sie zu unterstützen.

Es gibt sichere und weniger sichere Wohnorte. Am Grund eines tief eingeschnittenen und von einem Gewässer durchflossenen Tales besteht immer ein Risiko. Derjenige, der ein Haus in einem Talgrund baut, sollte bedenken, daß ein tiefer Taleinschnitt von großen Wassermengen geformt wurde und künftig auch weiter geformt werden kann. Hinter einem Hochwasserdamm oder Deich läßt es sich mit größerer Wahrscheinlichkeit sicher leben, aber kein Damm kann jeder Flut standhalten. Gefahren bestehen immer, wenn man Häuser in potentiellen Lawinenbahnen errichtet oder in Wäldern, die aus leicht entflammbaren Gehölzen bestehen, z.B. aus Kiefern oder Eukalyptusbäumen.

Verkehrsmittel spielen im modernen Leben eine wichtige Rolle. Man sollte aber daran denken, daß Auto und Flugzeug auf jeden Fall mehr Energie verbrauchen als der Schienenverkehr. Für den Gütertransport gilt Entsprechendes. Der Transport auf der Schiene und per Schiff verbraucht viel weniger Energie als ein Transport auf der Straße oder in der Luft.

Jeder Mensch muß sich in vielfältige und komplexe, oft aber auch scheinbar banale Sachverhalte eindenken, wenn er das Ziel einer Entwicklung unter Berücksichtigung des nachhaltigen Umgangs mit Ressourcen vor Augen hat. Sein Handeln sollte nicht nur von der Ökonomie bestimmt sein, sondern auch von ökologischen und sozialen Gesichtspunkten. Es wird hier deutlich, daß das Eintreten für Nachhaltigkeit ein kulturelles Anliegen ist, das ökonomische, ökologische und soziale Gesichtspunkte einschließt. Nachhaltigkeit ist kein mathematisches Gesetz, das errechnet werden kann. Tritt man für Nachhaltigkeit ein, sollte man das als Ergebnis der Einsicht in die Zusammenhänge tun.

Wer Entscheidungen im Sinne der Nachhaltigkeit fällt, sollte von staatlicher Seite unterstützt werden. Es wäre in diesem Zusammenhang hilfreich, wenn Subventionen und Regulierungen abgebaut würden. Begünstigung von Flugbenzin ist genauso wenig im Sinne von Nachhaltigkeit wie die staatliche Unterstützung von Flächenstillegungen in der Landwirtschaft. Die Energieversorgung sollte mit dem Ziel gefördert werden, sie von fossilen Energieträgern möglichst unabhängig zu machen. Von staatlicher Seite sollte aber vor allem an die Bürger appelliert werden, sich in eigener Initiative für die nachhaltige Bewirtschaftung von Ressourcen einzusetzen. Die Voraussetzung dafür ist die Förderung von Bildung und Wissen um die ökologischen Zusammenhänge; die Menschen müssen in die Lage sein, sich für eine Entwicklung einzusetzen, die von der zunehmenden Verknappung fossiler Rohstoffe ausgeht. Wird der Verbrauch diese Rohstoffe eingeschränkt, gelangen auch nicht mehr so viele Treibhausgase in die Atmosphäre. So kann sich jeder Bürger an der Lösung des heute ins Zentrum der Nachhaltigkeitsdebatte gerückten Klimaschutzproblems beteiligen.

Im Zusammenhang mit der Diskussion um Nachhaltigkeit muß abschließend noch auf zwei Punkte eingegangen werden.
Erstens: Nachhaltigkeit ist nie erreicht worden, und sie wird auch in Zukunft nicht erreicht werden. Sie ist immer ein Ziel des Handelns, und zwar ein Ziel der Menschen, ihre Lebensbedingungen zu stabilisieren.

Zweitens: Nachhaltigkeit kann nicht in gleicher Weise auch ein Ziel eines anderen Lebewesens sein oder der Natur insgesamt. Das Streben nach Nachhaltigkeit ist also etwas, das den Menschen auszeichnet. Es dient nicht nur seinem Wohl, sondern auch derjenigen Erscheinungsform von Natur, die seit Jahrtausenden unter seinem Einfluß steht.

Kapitel 19 *Landschaft geht uns alle an*

Zu den schützenswerten Ressourcen auf der Erde zählen nicht nur Rohstoffe, sondern auch die in Jahrtausenden entstandenen und geformten Landschaften. Einige von ihnen, in denen man ein besonders typisches Bild von Natur zu erkennen meinte, sollten in den vergangenen Jahrzehnten vor allem durch «Naturschutz» bewahrt werden. Naturschutz war in der Zeit aufgekommen, in der vom Menschen die «Landschaft der Natur» zerstört zu werden drohte, auf die aber nicht nur natürliche Parameter, sondern auch der stabilisierende Einfluß der Menschen eingewirkt hatte; sie war daher zugleich eine «Landschaft der Kultur». Die bedrohte Landschaft mag für manche Menschen eine Art von «Paradies auf Erden» gewesen sein – oder noch als solches aufgefaßt werden. Man hatte zu ihr und den darin sichtbaren Erscheinungen eine Bindung entwickelt: zu Feldgehölzen und Hecken, zu Hudewäldern und Heideflächen, auch zu Feldscheunen und einsamen Stallgebäuden, zu alten Deichen und Gräben.

Wenn Grundlagen der Ökologie beachtet werden, muß klar sein, daß der Gang der Natur alle diese Strukturen untergehen ließe. Genauso könnte eine radikale Änderung der Landnutzung die Landschaft bedrohen. Man muß sie deshalb gegen zwei Formen von Bedrohung schützen: sowohl vor der Intensivierung oder Änderung der Landnutzung als auch vor dem Wandel der Natur. Schutz der Landschaft ist daher mehr als herkömmlicher «Naturschutz», nämlich ein doppelter Schutz für ein Stück Land.

Es lohnt sich aus vielen Gründen, über den Schutz von Landschaft nachzudenken. Vielen Menschen ist die Bewahrung der Biodiversität in einer Landschaft wichtig, andere setzen sich für ihren Schutz aus ästhetischen Gründen ein. Beim Schutz der Landschaft ist es wie bei der Nachhaltigkeit: In der Realität läßt er sich ebensowenig erreichen, denn auf jede Landschaft wirkt ständig der natürliche Wandel ein. Dennoch sind beide Ziele wichtige Herausforderungen für die heutige Menschheit.

Alles, was in der Landschaft einer Region sichtbar ist, kann zum Erbe sowohl natürlicher als auch kultureller Entwicklungen gehören. Darüber, was davon geschützt werden sollte, ändern sich im Lauf der Zeit die Ansichten. Auch einzelne Menschen denken unterschiedlich darüber. Aus ihren Meinungen sollte von Zeit zu Zeit ein Konsens herbeigeführt werden, was geschützt werden soll. Es ist kein Nachteil, wenn ein solcher Konsens im Lauf der Jahre zu immer wieder neuen Ergebnissen führt; auf diese Weise kann viel besser als bisher erreicht werden, daß sich Bewohner einer Landschaft mit ihrer aktuellen Umgebung beschäftigen und sich für sie interessieren. Die Absicht, die Landschaft zu schützen, gibt nicht vor, so absolut zu sein wie «Naturschutz». Man kann ständig an Verbesserungen arbeiten. Der Staat sollte die Bevölkerung viel stärker an der Entscheidung beteiligen, mit welchen Charakteristika ihrer Landschaft sie sich identifizieren möchte.

Gute Beispiele dafür, den Schutz der Landschaft unter Beteiligung der Bevölkerung zu organisieren, aber nicht von Behörden bestimmen zu lassen, gibt es in den Niederlanden. Dort besteht auf verschiedenen Ebenen (Gemeinde bis Staat) ein Gremium, dessen Aufgabe es ist, festzulegen, was die Identität der Landschaften ausmacht und wie sie bewahrt werden kann.

Fixpunkte einer Landschaft, die man schützen möchte, machen ihre Identität aus. Woran erkennt man sie wieder? An welchen Eigenheiten kann man den natürlichen Wandel wahrnehmen? Welche Merkmale kennzeichnen das Einmalige einer Landschaft? All dieses muß in der Öffentlichkeit dargelegt werden, und zwar durch Publikation und im Gespräch. Dabei ist nicht nur an die Vermittlung von Wissen in Schulen zu denken, sondern an das Gespräch zwischen den Generationen und zwischen Einheimischen und Fremden. Fremde können Urlauber und Gäste sein, oder wichtiger noch, Migranten, die ihren Wohnsitz gewechselt haben und nun so schnell wie möglich an einem neuen Ort heimisch werden sollen. Die «Neuankömmlinge» sollten die Struktur der «neuen Heimat» begreifen, auch als Anknüpfungspunkt zum Kontakt mit Einheimischen. Wenn neu Hinzugezogene die Besonderheiten ihres neuen Wohnortes kennen, werden sie rascher heimisch und fügen sich leichter in ihre neue Umgebung ein.

Insgesamt wird auf diese Weise die Bindung an eine Landschaft erhöht. Menschen wird deutlich gemacht, daß sie alle in einer individuellen Umgebung leben, die besondere Merkmale hat. Jedes Gebiet hat solche Besonderheiten, keineswegs nur das auf herkömmliche Weise geschützte Naturschutzgebiet oder der «Hot spot», an dem sich die Touristen treffen. In einer Landschaft, für die das Interesse geweckt ist, läßt man sich gerne nieder oder investiert in die Zukunft.

Überlegungen, wie man Landschaften interessant macht, sind für solche Regionen besonders wichtig, die als peripher gelten. Viele von ihnen könnten an Attraktivität für Landnutzer, Investoren, Bewohner und Urlauber gewinnen, wenn deren Besonderheiten herausgestellt werden: Viele Menschen möchten wissen, daß sie an einem einmaligen Ort leben; dadurch steigt ihr Selbstwertgefühl, und sie fühlen sich durch ihn angezogen.

Ist festgelegt, welche Fixpunkte die Identität von Orten und Landschaften ausmachen, kann man über ihren Schutz beraten. Etliches ist schon dadurch geschützt, daß man darauf aufmerksam macht. Dabei gilt: Was man kennt, das schützt man. Einige Strukturen in der Landschaft können von Bewohnern der Gegend selbst gepflegt werden, indem natürlicher Verfall und natürliche Sukzession verhindert werden. Für anderes, beispielsweise eine Wallhecke, ist der Schutz aufwendiger. Man braucht dafür Geld und Experten. Sachverständige Arbeitskräfte finden sich in Land- und Forstwirtschaft. Statt mit Prämien für die Bewahrung der Naturschutzgebiete werden die Landnutzer für die Pflege der Landschaft bezahlt. Ihre Tätigkeit kann durchaus dem gleichen, was bisher Vertragsnaturschutz genannt wird; aber «Pflege der Landschaft» beschreibt klarer, was damit gemeint ist, nämlich nicht die Erhaltung einer Naturerscheinung, die dem Wandel unterworfen ist, sondern die Bewahrung von landschaftlicher Identität. Wird eine Hecke gepflegt, wird ja keine Natur geschützt, sondern eine Struktur, die vom Menschen geschaffen wurde! Durch Landschaftspflege bleibt außerdem das spezielle Wissen über Methoden der Landwirtschaft in peripheren Räumen erhalten; wie sonst sollte man auch in Zukunft noch wissen, wie traditionelle Landnutzung in Mittel- und Hochgebirgen, aber auch auf Halligen und am Rand von Trockengebieten funktioniert?

Es geht dabei nicht um die Bewahrung von «musealen» Landschaften, sondern man sorgt auch für eine Zukunft vor, in der Landbau in peripheren Räumen wieder Bedeutung bekommen könnte. Derzeit sinken die Getreidevorräte auf der Welt, und zwar nicht, weil die Erträge nachlassen oder zu viele Flächen stillgelegt wurden, sondern weil immer mehr Käufer auf den Getreidemärkten der Welt auftreten, etwa aus dem sich schnell entwickelnden China. Immer mehr Menschen können dank wachsenden Wohlstandes ihre Ernährung verbessern. Nicht nur mehr Getreide und Getreideprodukte, sondern auch mehr hochwertiges Gemüse und Fleisch werden gekauft. Auch für die Fleischproduktion werden Getreideprodukte gebraucht; der Markt wird zusätzlich belastet.

Aus dieser Entwicklung kann man schließen, daß der Bedarf an Getreide und anderen Lebensmitteln auf der Welt rascher wachsen wird als die Bevölkerung. Wegen der fruchtbaren Böden und aus klimatischen Gründen ist die Intensivierung der Landnutzung vor allem im westlichen Eurasien und im östlichen Nordamerika möglich. Andere Getreidebaugebiete, in denen die Produktion ausgeweitet werden kann, in Ostasien und in Australien, sind erheblich kleiner. In den Tropen und Subtropen jedenfalls ist eine Ausweitung des Getreidebaus kaum möglich, und zwar wegen der weniger fruchtbaren Böden und der klimatischen Bedingungen: In den subtropischen Trockengebieten müssen Felder während der Wachstumsphase des Getreides künstlich bewässert werden, und in den inneren Tropen gibt es keine Trockenzeit, in der Korn reifen kann. In den letzten Jahren im Westen Europas und Asiens stillgelegte Agrarflächen können reaktiviert werden. Wegen der steigenden Preise für Agrarprodukte, die im Zuge der Verknappung von Korn zu erwarten sind, könnte Ackerbau auch in heute für peripher gehaltenen Regionen wieder profitabel werden – und er wäre notwendig, um die Menschheit in Zukunft zu ernähren.

Auf eine solche Entwicklung gilt es sich einzustellen. Heute für peripher gehaltene Flächen müssen weiter offengehalten und bewirtschaftet werden. Die speziellen landwirtschaftlichen Kenntnisse, die in den letzten Jahrhunderten zur Bewirtschaftung dieser Flächen erforderlich waren, müssen erhalten bleiben. Und es muß heute festgelegt werden, welche Strukturen in diesen Landschaften erhalten bleiben sollen, damit ihre Besonderheiten auch künftig deutlich werden. Würde dies erst geklärt, wenn tatsächlich Getreidemangel auf der Welt besteht, wäre es zu spät! Es ist daher notwendig, die Debatten über schützenswerte Landschaften jetzt in Gang zu bringen.

Die Menschen, die über die Identität «ihrer» Landschaft bestimmen, tragen eine besondere Verantwortung. Sie haben die Voraussetzungen dafür zu schaffen, daß Landschaften gegen die Dynamik der Natur erhalten bleiben. Und natürlich haben sie auch vor der Intensivierung der Bewirtschaftung zu warnen. Werden dabei Strukturen gefährdet, die für besonders identitätsstiftend gehalten werden, dürfte es schwer sein, die Intensivierung oder Veränderung der Nutzung durchzusetzen. Es muß dann nach Alternativen gesucht werden, nach einer anderen Form der Landnutzung, die eine Pflege der Landschaft einschließt.

Doch dabei gilt es, die Entwicklung der Menschheit im Sinne der Nachhaltigkeit nicht zu gefährden. Gegen neue Schienenwege darf man nicht mit der gleichen Vehemenz opponieren wie gegen neue Golfplätze. Auch Anlagen, mit denen erneuerbare Energie gewonnen werden kann, dürfen nicht grundsätzlich bekämpft werden. In den letzten Jahren mehren sich die Gegner von Windkraftanlagen, denn die zahlreichen Windräder nehmen tatsächlich erheblichen Einfluß auf die Struktur der Landschaften. Doch wer den Bau dieser Anlagen verhindern möchte, sollte Alternativen aufzeigen, wie ohne sie Energie gewonnen werden kann. Das ist möglich, denn dazu bietet jede Landschaft eine Menge an Ressourcen: Das Abfallholz in den Wäldern und das Holz von Hecken kann zur Energiegewinnung verwendet werden, Gras von Grünland auf Grenzertragsflächen läßt sich in Heiz- und Biogasanlagen nutzen, Wassermühlen und stillgelegte Turbinen können reaktiviert werden. Strukturen einer gewachsenen Landschaft könnten so neuer Nutzung zugeführt werden.

Die Bewahrung von Landschaft soll eine Entwicklung unter Aspekten der Nachhaltigkeit ermöglichen. Dieser Schutz müßte basisdemokratisch organisiert sein, nicht von oben verordnet. Er tritt an die Stelle des Naturschutzes. Dies ist nicht nur wegen der begrifflichen Richtigstellung wichtig: Es geht meistens nicht um den Schutz der dynamischen Natur, sondern jenes Zustandes von Landschaft, der den Menschen wichtig ist. Es wird damit auch deutlicher gemacht, daß nicht nur die Natur auf unsere Umwelt einwirkt und einwirken soll, sondern auch der Mensch. Und es wird hoffentlich ein Beitrag dazu geleistet, die für die Entwicklung schädliche Gegnerschaft von «Industrie» und «Technikfeinden» abzubauen.

Hinter den Schutz der Landschaft können sich viel mehr Menschen stellen als hinter den bisherigen Naturschutz. Landschaftsschutz ist viel wichtiger für die Entwicklung zur Nachhaltigkeit. Er ist eines des wichtigsten kulturellen Ziele der Gegenwart.

Kapitel 20 *Bildung, Forschung und Freiwilligkeit als Grundlagen der Nachhaltigkeit*

Wer für Nachhaltigkeit eintreten soll, braucht Einblick in viele Bereiche des Wissens. Eine gute Ausbildung beginnt schon bei Kindern, und zwar nicht erst in Kindergärten und Schulen. Für kleine Kinder ist das persönliche Gespräch zwischen den Generationen wichtig. Viele Erscheinungen der Natur müssen jedem Menschen gezeigt werden: Lebewesen, Gesteine, Landschaften. Dabei geht es nicht nur darum, eine Amsel von einer Meise zu unterscheiden, einen Esel von einem Pferd oder eine Rose von einer Lilie. Vielmehr werden mit dem Kennenlernen von Naturerscheinungen Emotionen geweckt. Erwachsene erinnern sich genau an die Stimmung, die herrschte, als sie zum ersten Mal das Scharbockskraut oder eine Eidechse, die Nordsee oder eine Alm in den Bergen sahen. Diese Stimmungen werden immer wieder heraufbeschworen, wenn Erscheinungen von Natur und Landschaft im Lauf des Lebens wieder erblickt werden. Diese Emotionen sind wertvoll und werden für einen unverzichtbaren Wert gehalten, ohne einen materiellen Wert zu besitzen. Für Menschen, die sich an Naturerscheinungen erinnern, ist es nicht wichtig zu berechnen und darzustellen, was Natur wert ist; sie wissen es von selbst. Und sie werden stets bereit sein, sich für den Schutz der Natur einzusetzen. Es ist vielleicht bezeichnend, daß das naturwissenschaftliche Wissen von Schülern in solchen Ländern besonders umfassend ist, in denen Gespräche zwischen Eltern und Kindern über Naturphänomene üblich sind: in Finnland, während der langen Sommerferien, in denen die Familien ihren Urlaub fern von der Zivilisation in Sommerhäusern verbringen.

Das Wissen über Naturerscheinungen kann kaum über Medien, vor allem nicht durch das Fernsehen vermittelt werden. Zwar kann man auch in einem Naturfilm Kindern eine Maus zeigen. Aber es fehlen die Emotionen, die Erlebnisse in der Natur hervorrufen. Sie aber sind gerade das Wichtige! Kinder müßten Dinge der Natur allein oder in kleinen Gruppen gezeigt bekommen, um sie wirklich zu sehen. Zwar kann auch im Kindergarten eine Amsel oder eine Meise demonstriert werden, kaum aber ein so kleines Objekt wie eine Pflanzenart, ein Mistkäfer oder ein Regenwurm. Wenn diese kleinen Erscheinungen nicht in kleiner Runde betrachtet werden, prägen sie sich nicht ein. Am eindrücklichsten wirkt es, wenn eine einzelne Person einer anderen etwas vorstellt, zum Beispiel ein Erwachsener einem Kind. Ein solches Lehren und Lernen ist nicht nur eine öffentliche Aufgabe.

Der Unterricht an den Schulen ist dann besonders erfolgreich, wenn er auf früher gemachten Erfahrungen der Schüler aufbaut. Wer etwas über Stämme des Tierreiches lernen will, sollte schon vorher einmal einen Frosch, ein Reptil und ein Säugetier bewußt betrachtet haben. Wenn Ökologie das Thema ist, werden solche Schüler besonders angesprochen, die sich schon einmal beim Spaziergang in Wäldern umgesehen haben. Ökologie sollte nicht nur im Biologieunterricht behandelt werden, sondern auch in den Fächern Physik, Chemie, Mathematik, Geographie. Weil Ökologie eine historische Dimension hat, sollte das Wissen darüber auch im Geschichtsunterricht vermittelt werden, beispielsweise die Strategien und Versuche der Menschen, mit dem Wandel der Natur im Lauf der Zeit immer besser fertig zu werden.

Ökologie umfaßt Aspekte, die man traditionell in den Naturwissenschaften lehrt, mit anderen werden wir in geisteswissenschaftlichen Fächern konfrontiert. Diese Aspekte gilt es zusammenzuführen. Für den Unterricht in einem derart übergreifenden Fach sind die Fächergrenzen zu überwinden, die im Unterricht spätestens seit dem 19. Jahrhundert üblich sind. Der Fächerkanon und die Abgrenzungen der Fächer aus dieser Zeit haben viele Berechtigungen; das Wissen und die Wissenschaft haben davon profitiert. Doch heute geht es auch darum, das kulturelle Ziel der Nachhaltigkeit in seiner Gegnerschaft zum natürlichen Wandel zu proklamieren; dies ist nur möglich, wenn das Wissen aus vielen Fachbereichen miteinander verknüpft wird.

In das schulische und außerschulische Lernen ist heute Wissen zu integrieren, das vor etlichen Jahrzehnten noch nicht gelehrt wurde. Die meisten Schüler im 19. und frühen 20. Jahrhundert wußten aus ihrer familiären Situation, wie man mit Natur umging. Mehr Familienmitglieder als heute arbeiteten in der Land- oder Forstwirtschaft. Was Natur und ihre Erscheinungen bedeuten, welche Möglichkeiten es gibt, sich gegen den natürlichen Wandel zu stemmen, muß heute den meisten Menschen als Wissensstoff vermittelt werden. Eigenheiten von Land- und Forstwirtschaft sind der Bevölkerung heute weitgehend unbekannt. Dadurch kommt es zu Fehleinschätzungen über die Produktion von Lebensmitteln, über die Bewirtschaftung des Waldes, über die Verbreitung von «Natur» in unserer Umgebung. Die moderne Land- und Forstwirtschaft sollte bei der Entwicklung didaktischer Konzepte mitwirken, die ein realistisches Bild vom Umgang mit der Natur aufzubauen helfen. Gerade an einem Bauernhof und in einem Stück Wald läßt sich gut zeigen, was mit dem Eintreten für Nachhaltigkeit gemeint ist. Wer das nicht gelernt hat, kann leicht die unrealistische Vorstellung gewinnen, der Bauer zerstöre das «Paradies» des 19. Jahrhunderts!

Es ist nicht nur Aufgabe der Universitäten, hochspezialisierte Spitzenforscher auszubilden. Zweifellos hängt unsere Zukunft von exzellenten Experten ab, die ein Fachgebiet so weit überblicken, daß sie an der vordersten Front der Forschung stehen. Aber unter den Hochschullehrern sollte es auch Generalisten geben, die auf dem Gebiet der Ökologie Verknüpfungen zwischen den Fächern herstellen und damit Kompetenz über Nachhaltigkeit vermitteln.

Sieht man sich Ausschreibungen naturwissenschaftlicher Lehrstühle an, wird einem deutlich, daß der Generalist nur selten gesucht wird. Für einen Lehrstuhl im Fach Ökologie wünscht man sich zum Beispiel einen Experten, der das Ökosystem eines Sees berechnen kann. Das ist sicher wichtig, aber nur ein Teil der Ökologie. Denn was nützt es, wenn man die Stoff-Flüsse in einem See mathematisch darstellt, aber nicht bedenkt, daß ökologische Gegebenheiten grundsätzlich Veränderungen ausgesetzt sind?

Für einen Lehrstuhl im Fach Ozeanologie werden vor allem Experten gesucht, die mit Isotopen umgehen können, die also über Messungen von verschiedenen Sauerstoffisotopen Aussagen zur Klimageschichte machen. Aber ist dadurch erreicht, daß in der universitären Ausbildung ein Ozean als Ganzes vorgestellt wird?

In der Geographie hatten lange Zeit Fern-Erkunder die besten Chancen, Experten, die Satellitenbilder auswerten können. Doch sollten Geographen nicht vor allem Grundsätzliches und Spezielles über Landschaften wissen? Auch der Bioinformatiker hat nicht automatisch aus seinem Fachgebiet heraus die Kompetenz, biologisches Wissen zu vermitteln: Er archiviert nachgewiesene Gen- und Proteinstrukturen. Das ist eine sehr anspruchsvolle Aufgabe, denn es werden dazu alljährlich unübersehbar viele Details publiziert. Doch er sollte außerdem biologisches Denken vermehren und vermitteln können.

Man ist sehr glücklich, wenn der gesuchte Fachgelehrte die Fähigkeit besitzt, eine übergreifende Lehre zu betreiben, und eine Forschungstätigkeit attraktiv findet, die scheinbar weit auseinanderliegende Wissenschaften miteinander verknüpft; mit Priorität gesucht aber wird dieser Wissenschaftlertypus nicht, sondern der Experte. Wissenschaftler, die in der Lage sind, fächerübergreifend zu lehren, brauchen wir dringender denn je, um eine Entwicklung der Menschheit unter Berücksichtigung von Nachhaltigkeit deutlich zu machen.

Ökologie ist ein Fach, das auf Allgemeinbildung aufbaut. Um Ökologie betreiben zu können, muß man Erscheinungen der Natur kennen und unterscheiden können. Darüber hinaus ist es wichtig zu wissen, welche dieser Erscheinungen dauerhaften Bestand haben und welche dem Wandel unterworfen sind. Wandel ist ein zentrales Phänomen von Natur, das nicht einfach zu begreifen ist. Wenn in der Ökologie das Wandelbare der Natur untersucht und gelehrt wird und darüber hinaus auch die jahrtausendelange Auseinandersetzung der Menschen mit dem Wandel, dann wird sie als ein großes und wichtiges Querschnittsfach erkennbar. Man lernt durch sie, den Fortschritt richtig einzuschätzen und zu erkennen, was für die Kultur der Menschheit von großer Bedeutung ist, ebenso wie und wo es notwendig ist, zu bewahren, also auf Nachhaltigkeit zu dringen.

Für die Debatte um Nachhaltigkeit ist entscheidend, daß sie sich nicht auf der Basis mathematischer oder gedanklicher Spielereien in einem Kompromiß mit ökonomischen und sozialen Aspekten realisieren läßt. Sie ist ein Teil unserer Kultur. In unsere Hände ist es gelegt, wie und welche Nachhaltigkeit angestrebt wird. Jeder, sei er nun einfacher

Verbraucher, Industrieller, Politiker oder Wissenschaftler, sollte sich mit dem Phänomen des Wandels der Natur auseinandersetzen. Dies betrifft nicht nur den einzelnen, sondern ebenso Gruppen von Menschen, die sich mit einer Landschaft verbunden fühlen. Um hier die Zusammenhänge zu erkennen, brauchen wir die Ökologie als wissenschaftliches Fach, als Lehre von den Beziehungen der Organismen zu ihrer Umwelt.

Mancher Leser mag bei der Lektüre skeptisch geworden sein: Ist es richtig, für einen Abbau von Verordnungen und Gesetzen einzutreten, die unser Verhältnis zur Umwelt regeln? Wäre es nicht viel wichtiger, die Gesetze zu verschärfen, Akteuren Daumenschrauben anzulegen, technische Innovationen zu steuern, weil sie negative Folgen für die Umwelt haben könnten? Statt dessen soll man auf die Vernunft der Menschen, auf ihren freien Willen setzen? Gefährdet man auf diese Weise nicht das Überleben der Menschheit und auch den Weiterbestand von anderen Lebewesen auf dieser Erde? Ist dies nicht kontraproduktiv für die Umweltpolitik?

Es gibt wichtige Indizien dafür, daß eine Entwicklung unter Berücksichtigung der Nachhaltigkeit nur dann erfolgreich verlaufen kann, wenn der Wille dazu von jedem einzelnen Menschen ausgeht und wenn der technische Fortschritt nicht blockiert wird, der besonders im Bereich des Sozialen im Interesse aller liegt.

Wir brauchen das Mitwirken jedes einzelnen bei der Entwicklung und beim Eintreten für Nachhaltigkeit. Der Zwang, Emissionen zu mindern, ist für viele Menschen nicht attraktiv, gerade für solche nicht, die aufgrund ihrer finanziellen Mittel die Möglichkeit hätten, sich für den «nachhaltigen Weg» einzusetzen. Verbraucher werden nach Auswegen suchen, mit denen sie um eine finanzielle Belastung durch Abgaben herumkommen, und Gewerbetreibende werden ihre Emissionen verursachende Produktion dorthin verlagern, wo sie nicht behindert werden – oder sie stellen die Produktion ein, was gerade für periphere Räume eine neue Katastrophe heraufbeschwören könnte. Es geht darum, das Interesse möglichst vieler Menschen an den Fragen von Entwicklung und Nachhaltigkeit, von Ökologie zu wecken. Wegbereiterin dafür ist eine gute und vielfältige Ausbildung.

Alle diejenigen, die nicht auf Freiwilligkeit und Vernunft setzen, bedenken nicht, wie verheerend die Auswirkungen von Dirigismus auf Ökosysteme waren. Die am stärksten belasteten Ökosysteme liegen durchaus nicht in den am höchsten entwickelten Industrieländern der Erde. Unter zwangswirtschaftlichen Bedingungen verkam der Aralsee zur Kloake, wurde die Umgebung von Tschernobyl verstrahlt, kam es in den Mittelgebirgen der DDR, Tschechiens und Polens zu den weltweit erheblichsten Waldschäden. Und nun soll mit dirigistischen Elementen wie der Auflage, Emissionen zu begrenzen, das Erdklima gerettet werden? Die Erfahrungen lehren etwas anderes.

Angesichts der gegenwärtigen Probleme brauchen wir das Wissen der Ökologie. Es kann sich nur dann entfalten, wenn unter Ökologie keine Utopie verstanden wird. Wird immer wieder Wissen mit Utopie vermischt, ist Ökologie nicht glaubhaft. Sie ist keine Religion und keine Gärtnermoral für Naturschutzgebiete. Sie ist eine moderne Wissenschaft, die den Wandel der Natur lehrt und die Art und Weise, wie sich der Mensch darauf einstellt. Auf dem von der Natur vorgegebenen Weg und in Auflehnung gegen ihn bildete sich die Sonderstellung des Menschen gegenüber anderen Organismen heraus. Ohne weitere Entwicklung hat sie und damit auch die Kultur keine Zukunft. Hiervon abzuweichen könnte fatal für die Menschen und heute sogar für den gesamten Globus werden. Wir haben nicht die Möglichkeit, den Fortschritt zu verdammen und der Natur, und das heißt im Klartext: dem Wandel und der Zerstörung von Kultur, mehr Raum zu geben. Wir können nur die weitere Entwicklung mit dem Willen verbinden, Nachhaltigkeit herbeizuführen. Es geht darum, daß wir alle uns mit Erfolg darum bemühen, die Erde in einem möglichst guten Zustand an die nächste Generation weiterzureichen. Die Argumente von Fortschrittsgegnern, die meinen, die Natur schützen zu können, und die zu wissen glauben, welche Natur dies denn sei, scheinen stark zu sein, weil sie auf Emotionen beruhen. Auf Dauer mächtig sind aber allein Argumente, die nicht nur emotional begründet werden können.

In der modernen Welt ist kein Platz für Utopien, die man «ökologisch» nennt, und auch nicht für Verquickungen von Ökologie mit zentral gelenkter oder sogar totalitärer Politik. Wir brauchen die Einsicht jedes einzelnen, sowohl auf Entwicklung zu setzen als auch Nachhaltigkeit zu bewirken. Voraussetzung ist, Natur und Kultur sowie ihre Interdependenz richtig zu beurteilen. Die Wissenschaft der Ökologie kann dazu wichtige Hilfestellungen leisten.

Literatur

Allgemeine Werke zur Einführung in die Ökologie, auf die an vielen Stellen zurückgegriffen wird:

Begon, Michael, John L. Harper und Colin R. Townsend, *Ökologie*. Aus dem Englischen von Andreas Held, Thomas Hoffmeister, Irene Hoffmeister, Ursula Priefer, Ina Raschke, Jürg Rohner und Carsten Schradin. Herausgegeben von Klaus Peter Sauer. Heidelberg, Berlin 1998.

Campbell, Neil A., *Biologie*. Aus dem Englischen von Adriaan Dorresteijn, Andreas Held, Julia Karow, Ulrich Klinner, Barbara Markl, Jürgen Markl, Marlis Peter-Hofmann, Ursula B. Priefer, Ina Raschke, Alan J. Slusarenko, Thomas Teyke, Sebastian Vogel und Klaus Wolf. Herausgegeben von Jürgen Markl. Heidelberg, Berlin, Oxford 1997.

Cotgreave, Peter, und Irwin Forseth, *Introductory Ecology*. Oxford 2002.

Faber, Malte, und Reiner Manstetten, *Mensch – Natur – Wissen. Grundlagen der Umweltbildung*. Göttingen 2003.

Leser, Hartmut, *Ökologie wozu? Der graue Regenbogen oder Ökologie ohne Natur*. Berlin, Heidelberg 1991.

Leser, Hartmut, *Landschaftsökologie. Ansatz, Modelle, Methodik, Anwendung*. 4. Auflage, Stuttgart 1997.

Mayr, Ernst, *Das ist Biologie. Die Wissenschaft des Lebens*. Aus dem Englischen von Jorunn Wißmann. Heidelberg, Berlin 1998.

Nentwig, Wolfgang, Sven Bacher, Carl Beierkuhnlein, Roland Brandl und Georg Grabherr, *Ökologie*. Heidelberg, Berlin 2004.

Odum, Eugene Pleasants, und Josef Reichholf, *Ökologie. Grundbegriffe, Verknüpfungen, Perspektiven. Brücke zwischen den Natur- und Sozialwissenschaften*. Neuausgabe. München, Wien, Zürich 1980.

Schaefer, Matthias, *Wörterbuch der Ökologie*. 4. Auflage. Heidelberg, Berlin 2003.

Schulze, Ernst-Detlef, Erwin Beck und Klaus Müller-Hohenstein, *Pflanzenökologie*. Heidelberg, Berlin 2002.

Simonis, Udo E. (Hrsg.), *Öko-Lexikon*. München 2003.

Tischler, Wolfgang, *Einführung in die Ökologie*. 3. Auflage. Stuttgart, New York 1984.

Wittig, Rüdiger, und Bruno Streit, *Ökologie*. Stuttgart 2004.

Definitionen der Ökologie, die in Kapitel 1 erwähnt werden, stammen außerdem aus:

Fränzle, Otto, Gerhard Weidemann und Volkmar Wolters, Vorwort. In: Karin Mathes, Broder Breckling und Klemens Ekschmitt (Hrsg.), *Systemtheorie in der Ökologie*. Landsberg 1996, IX-X.

Niemann, G. (Hrsg.), *Kleines Wörterbuch der Naturwissenschaften*. Stuttgart o.J. (1910).

Vogt, Hans-Heinrich, *Wissenschaft von A bis Z. Naturwissenschaften, Medizin*. Stuttgart 1971.

Werke, die auf die Entwicklung der Ökologie Einfluß nahmen oder diese beschreiben und in Kapitel 1 erwähnt werden:

Carson, Rachel, *Silent Spring*. Boston 1962. Deutsche Übersetzung: *Der stumme Frühling*. Aus dem Amerikanischen von Margaret Auer. München 1962.

Conwentz, Hugo, *Die Gefährdung der Naturdenkmäler und Vorschläge zu ihrer Erhaltung. Denkschrift, dem Herrn Minister der geistlichen, Unterrichts- und Medizinal-Angelegenheiten überreicht*. Berlin 1904.

Göldenboog, Christian, *Das Loch im Walfisch. Die Philosophie der Biologie*. Stuttgart 2003.

Guenther, Konrad, *Der Naturschutz*. Freiburg i.Br. 1910.

Mak, Geert, *Das Jahrhundert meines Vaters*. Aus dem Niederländischen von Gregor Seferens und Andreas Ecke. Berlin 2003.

Meadows, Dennis, Donella Meadows, Erich Zahn und Peter Milling, *Die Grenzen des Wachstums. Bericht des Club of Rome zur Lage der Menschheit*. Aus dem Amerikanischen von Hans-Dieter Heck. Stuttgart 1972.

Rudorff, Ernst, *Heimatschutz*. Erstdruck 1897. Neuausgabe: Herausgegeben vom Deutschen Heimatbund Bonn. St. Goar 1994.

Kapitel 5

Der Hohenheimer Grundwasserversuch ist beschrieben in:

Ellenberg, Heinz, «Physiologisches und ökologisches Verhalten derselben Pflanzenarten». Berichte der Deutschen Botanischen Gesellschaft 65, 1953, 351–362.

Ellenberg, Heinz, *Vegetation Mitteleuropas mit den Alpen in ökologischer Sicht.* 5. Auflage, Stuttgart 1996.

Kapitel 6

Die Anregungen zu den Ausführungen in Kapitel 6, zu den Zusammenhängen zwischen Selektion und Biogeographie, stammen vor allem von G. Ledyard Stebbins:

Stebbins, G. Ledyard, *Evolutionsprozesse. Einzelvorgänge im Wandel der Organismen.* Aus dem Amerikanischen übersetzt von Jutta Querner. Jena 1968.

Vgl. auch: Theodosius Dobzhansky, Francisco J. Ayala, G. Ledyard Stebbins, James W. Valentine, *Evolution.* San Francisco 1977, bes. Kapitel 7: Patterns of Speciation, 195–232.

Kapitel 7

Die Darstellung der Ökologie von Seen geht grundlegend zurück auf August Thienemann:

Hiltermann, Heinrich, «Ökologische Regeln und Erfahrungen von August Thienemann». Osnabrücker naturwissenschaftliche Mitteilungen 9, 1982, 99–104.

Thienemann, August, *Die Binnengewässer Mitteleuropas. Eine limnologische Einführung.* Stuttgart 1925.

Thienemann, August, *Das Leben im Süßwasser. Eine Einführung in die biologischen Probleme der Limnologie.* Breslau 1926.

Thienemann, August, *Die Bedeutung der Limnologie für die Kultur der Gegenwart.* Stuttgart 1935.

Zu den modernen Ansichten dazu siehe:

Pott, Richard, und Dominique Rémy, *Ökosysteme Mitteleuropas aus geobotanischer Sicht: Gewässer des Binnenlandes.* Stuttgart 2000.

Auf die kritisch zu wertende Interpretation der Limnologie durch die Nationalsozialisten finden sich Hinweise in:

Heim, Susanne, *Kalorien, Kautschuk, Karrieren. Pflanzenzüchtung und landwirtschaftliche Forschung in Kaiser-Wilhelm-Instituten 1933–1945.* Göttingen 2003.

Kapitel 9

Die Analyse von Diatomeen und die Pollenanalyse werden unter anderem beschrieben in:

Berglund, Björn E. (Hrsg.), *Handbook of Holocene Palaeoecology and Palaeohydrology.* Chichester, New York 1986.

Fægri, Knut, und Johannes Iversen, *Textbook of Pollen Analysis.* 4. Auflage, Chichester, New York 1989.

Lang, Gerhard, *Quartäre Vegetationsgeschichte Europas.* Jena, Stuttgart, New York 1994.

Kapitel 10

Die verschiedenen Bedeutungen des Begriffes «Natur» hat Ulrich Kattmann aus moderner Sicht zusammengestellt, und zwar in:

Eschenhagen, Dieter, Ulrich Kattmann und Dieter Rodi, *Fachdidaktik Biologie.* Köln 2001.

Zur besonderen Wachstumskurve menschlicher Populationen und deren Beeinflussung durch Innovationen siehe:

Deevey, E.S. jr., «The Human Population». Scientific American 203 (3), 1960, 195–204.

Kapitel 11

Über Ackerbau und die damit verbundenen Landschaftsveränderungen, seine Praxis, Geschichte, Ökologie und kulturelle Bedeutung informieren unter anderem:

Abel, Wilhelm, *Massenarmut und Hungerkrisen im vorindustriellen Deutschland.* 3. Auflage, Göttingen 1986.

Blanckenburg, Peter von, *Welternährung. Gegenwartsprobleme und Strategien für die Zukunft.* München 1986.

Deutsche Landwirtschafts-Gesellschaft (Hrsg.), *Landwirtschaft 2010. Welche Wege führen in die Zukunft?* Frankfurt am Main 1999.

Diamond, Jared, *Arm und Reich. Die Schicksale menschlicher Gesellschaften.* Aus dem Amerikanischen von Volker Englich. Frankfurt 1998.

Freye, Hans-Albrecht, *Einführung in die Humanökologie für Mediziner und Biologen.* 3. Auflage, Wiesbaden 1986.

Körber-Grohne, Udelgard, *Nutzpflanzen in Deutschland. Kulturgeschichte und Biologie.* Stuttgart 1987.

Küster, Hansjörg, *Geschichte der Landschaft in Mitteleuropa.* 3. Auflage, München 1999.

Küster, Hansjörg, *Geschichte des Waldes.* 2. Auflage, München 2003.

Nilson, Peter, *Zurück zur Erde. Der Mensch, die Landschaft und das Gleichgewicht der Natur.* Aus dem Schwedischen von Jörg Scherzer. München 1996.

Radkau, Joachim, *Natur und Macht. Eine Weltgeschichte der Umwelt.* München 2000.

Simon, Wieland, *Felder ohne Früchte. Ökologie in Afrika am Beispiel Tansania.* München 1987.

Zohary, Daniel, und Maria Hopf, *Domestication of Plants in the Old World.* Oxford 1988.

Über den Zusammenhang zwischen künstlicher Bewässerung und früher Staatengründung siehe:
Herzog, Roman, *Staaten der Frühzeit. Ursprünge und Herrschaftsformen.* 2. Auflage, München 1998.
Wittfogel, Karl August, *Oriental Despotism: A Comparative Study of Total Power*. New Haven 1957.

Kapitel 12

Grundlegend ist:
Holtmeier, Friedrich-Karl, *Tiere in der Landschaft. Einfluß und ökologische Bedeutung*. Stuttgart 2002.

Über die Frühzeit der Viehhaltung informiert unter anderem:
Benecke, Norbert, *Archäozoologische Studien zur Entwicklung der Haustierhaltung in Mitteleuropa und Südskandinavien von den Anfängen bis zum ausgehenden Mittelalter*. Berlin 1994.

Kapitel 13

Die unterschiedlichen Auswirkungen von Wanderfeldbau und verwandten Wirtschaftssystemen einerseits sowie den völlig permanenten Wirtschaftssystemen andererseits auf die Ökosysteme habe ich in verschiedenen Artikeln vorgestellt, u.a. in:
Küster, Hansjörg, «Auswirkungen von Klimaschwankungen und menschlicher Landschaftsnutzung auf die Arealverschiebung von Pflanzen und die Ausbildung mitteleuropäischer Wälder». Forstwissenschaftliches Centralblatt 115, 1996, 301–320.
Küster, Hansjörg, «The role of farming in the postglacial expansion of beech and hornbeam in the oak woodlands of central Europe». The Holocene 7 (2), 1997, 239–242.

Zum vorgeschichtlichen und historischen Siedelwesen siehe auch:
Hvass, Sten, «Ländliche Siedlung der Kaiser- und Völkerwanderungszeit in Dänemark». Offa 39, 1982, 189–195.

Zur Stabilisierung der landwirtschaftlichen Produktionsbedingungen im Mittelalter siehe unter anderem:
Mitterauer, Michael, *Warum Europa? Mittelalterliche Grundlagen eines Sonderwegs.* München 2003.

Kapitel 15

Zur Etymologie des Begriffs Garten:
Deutsches Wörterbuch von Jacob Grimm und Wilhelm Grimm. Vierten Bandes erste Abtheilung. Leipzig 1878, 1386 ff. – Stichwort Zaun: Ebd., Fünfzehnter Band. Leipzig 1956, 406 ff. – Nachdruck München 1984.
Küster, Hansjörg, «Die historische Entwicklung von Vegetation in der Stadtlandschaft». In: Institut für Grünplanung und Gartenarchitektur der Universität Hannover (Hrsg.), *Stadtlandschaft. Beiträge zur räumlichen Planung 50,* Hannover 1999, 179–192.
Meyer-Tasch, Peter Cornelius, «Der Garten Eden». In: Hans Sarkowicz (Hrsg.), *Die Geschichte der Gärten und Parks.* Frankfurt am Main 1998, 11–24.
Behling, Lottlisa, Die *Pflanze in der mittelalterlichen Tafelmalerei.* 2. Auflage, Köln, Graz 1967.
Zur Situation der Naturwissenschaft und den Anfängen der Ökologie im 17. und 18. Jahrhundert informiert umfassend:
Kempe, Michael, *Wissenschaft, Theologie, Aufklärung. Johann Jakob Scheuchzer (1672–1733) und die Sintfluttheorie.* Epfendorf 2003.

Kapitel 16

Zur Geschichte von Umwelt- und Naturschutz sowie zur geistigen Haltung der frühen Naturschutzbewegung:

Brüggemeier, Franz-Josef, und Thomas Rommelspacher (Hrsg.), *Besiegte Natur. Geschichte der Umwelt im 19. und 20. Jahrhundert.* München 1987.

Conwentz, Hugo, *Die Gefährdung der Naturdenkmäler und Vorschläge zu ihrer Erhaltung. Denkschrift, dem Herrn Minister der geistlichen, Unterrichts- und Medizinalangelegenheiten überreicht.* Berlin 1904.

Guenther, Konrad, *Der Naturschutz.* Freiburg i.Br. 1910.

Hundt, Walter, *Bei Heinrich Vogeler in Worpswede. Erinnerungen.* Worpswede 1981.

Klose, Hans, *Das westfälische Industriegebiet und die Erhaltung der Natur.* Berlin 1919.

Lübbe, Hermann, und Elisabeth Ströker (Hrsg.), *Ökologische Probleme im kulturellen Wandel.* Paderborn 1986.

Rudorff, Ernst, *Heimatschutz.* Erstdruck 1897. Neudruck Sankt Goar 1994.

Zum Bevölkerungswachstum siehe:

Deevey, E.S. jr., «The Human Population». Scientific American 203 (3), 1960, 195–204.

Meadows, Dennis, Donella Meadows, Erich Zahn und Peter Milling, *Die Grenzen des Wachstums. Bericht des Club of Rome zur Lage der Menschheit.* Aus dem Amerikanischen von Hans-Dieter Heck. Stuttgart 1972.

Malthus, Thomas Robert, *Das Bevölkerungsgesetz* [erstmals publiziert 1798]. Herausgegeben und übersetzt von Christian M. Barth. München 1977.

Kapitel 17

Das Kapitel folgt in weiten Teilen der Argumentation in dem Artikel:

Küster, Hansjörg, «Der Staat als Herr über die Natur und ihre Erforscher». In: Joachim Radkau und Frank Uekötter (Hrsg.), *Naturschutz und Nationalsozialismus.* Frankfurt am Main 2003, 55–64.

Vgl. hierzu und im folgenden auch:
Klose, Hans, und Adolf Vollbach, *Das Reichsnaturschutzgesetz vom 26. Juni 1935*. Neudamm 1935.
Küster, Hansjörg, *Geschichte des Waldes. Von der Urzeit bis zur Gegenwart.* 2. Auflage, München 2003.
Ders., «Der Minister gehört wohl zum Fähnlein Faselkopf. Wer die Natur zu kennen glaubt, findet keinen Pfad in die Landschaft: Der braune Boden eines grünen Gesetzes». Frankfurter Allgemeine Zeitung vom 11.7.2001, 47.
Seifert, Alwin, «Natur und Technik im deutschen Straßenbau» (1934). Zitiert nach dem Abdruck in: Seifert, Alwin, *Im Zeitalter des Lebendigen. Natur – Heimat – Technik*. Dresden und Planegg vor München 1941.
Seifert, Alwin, «Reichsautobahn im Wald» (1938). Zitiert nach dem Abdruck in: Seifert, Alwin, *Im Zeitalter des Lebendigen. Natur – Heimat – Technik.* Dresden und Planegg vor München 1941.

Das Zitat von Arnold Freiherr von Vietinghoff-Riesch stammt aus:
Vietinghoff-Riesch, Arnold Freiherr von, *Naturschutz. Eine nationalpolitische Kulturaufgabe.* Neudamm 1936, 118f.

Zu Klimax-Konzept und Pflanzensoziologie vgl.:
Clements, Frederic E., *Plant succession. An analysis of the development of vegetation.* Washington 1916.
Clements, Frederic E., «Nature and structure of the climax». Journal for Ecology 24, 1936, 252–284.
Tüxen, Reinhold, «Über Waldgesellschaften und Bodenprofile. Klimaxprobleme des NW-europäischen Festlandes». Nederlandsch Kruidkundig Archief 43, 1933, 293–309.
Tüxen, Reinhold, «Die heutige potentielle natürliche Vegetation als Gegenstand der Vegetationskartierung». Angewandte Pflanzensoziologie 13, 1956, 5–42.
Tüxen, Reinhold, und Herbert W. Diemont, «Weitere Beiträge zum Klimaxproblem des westeuropäischen Festlandes». Veröffentlichungen des Naturwissenschaftlichen Vereins zu Osnabrück 23, 1936, 131–184, Tafel V–X.
Tüxen, Reinhold, und Herbert W. Diemont, «Klimaxgruppe und Klimaxschwarm. Ein Beitrag zur Klimaxtheorie». Jahresbericht der Naturhistorischen Gesellschaft zu Hannover 88/89, 1937, 73–87, Tafel I.

Wilmanns, Otti, *Ökologische Pflanzensoziologie*. 5. Auflage, Heidelberg, Wiesbaden 1993.

Kapitel 18

Grundlegend für die Gedanken in diesem Kapitel sind zahlreiche Publikationen, die sich mit Klimawandel und Treibhauseffekt auseinandersetzen. Offizielle Grundlage zu diesen Annahmen sind die Berichte des IPCC (Intergovernmental Panel on Climate Change), die seit 1990 regelmäßig in Cambridge erschienen sind. Zur Kritik daran u.a.:

Lomborg, Bjørn, *Apocalypse No! Wie sich die menschlichen Lebensgrundlagen wirklich entwickeln*. Aus dem Englischen von Thomas Laugstien und Katrin Grünepütt. Lüneburg 2002.

Zum Bericht der Brundtland-Kommission u.a.:

Quennet-Thielen, Cornelia, «Nachhaltige Entwicklung: Ein Begriff als Ressource der politischen Neuorientierung». In: Hans G. Kastenholz, Karl-Heinz Erdmann und Manfred Wolff (Hrsg.), *Nachhaltige Entwicklung. Zukunftschancen für Mensch und Umwelt*. Berlin, Heidelberg 1996, 9–21.

Kapitel 19

Der Schutz der Landschaft durch Gremien in den Niederlanden wird beschrieben in:

Raad voor het Landelijk Gebied (Hrsg.), «*Made in Holland*». *Advies over landelijke gebieden, verscheidenheid en identiteit*. Amersfoort 1999. – Eine englische Kurzfassung erschien unter dem Titel: «*Made in Holland*». *Advice on rural areas, diversity and identity*. Amersfoort 1999.

Register